THE

SECRET

OF

STYLING

赶髦球
不时星

——

Avo 作品

旻桢 著

河北出版传媒集团
河北科学技术出版社
·石家庄·

仅以此书献给我的先生以及我的母亲

感谢你们无条件的支持、帮助、鼓励和陪伴

同时感谢我所有的读者，和你们的日常交流给予我无尽灵感

　　相信每个人都有一段儿时和时尚接触的记忆。我的经历说来也俗套得很，于我而言，最早的记忆就是幼儿园暑假趴在地上边吃冰西瓜边看《ELLE》杂志的那些时光。杂志当然是我妈妈订阅的，她是一位开明又时髦的女士，觉得只要我有兴趣，用时尚杂志来识字也并无不可。

　　很难讲儿时的经历到底给我带来了多大的所谓品位提升，但对时尚和风格的个人理解倒在很早就形成了。我并不认为"时尚"和"风格"有高下之分，它们本就不是一个概念。**时尚反映了一定时间内某一群体的集体意识，我认为不该被轻视，因为这种意识的形成是有多种原因的，它可以为日后考据某个时代背景提供重要的线索和依据。而"风格"更多的是反映个人对自身的认识、思考以及再创造力。** 在了解了不同时代的潮流之后，我也长大了，有能力也有需求来逐步建立自己的个人风格，开始希望日常穿着在实用之余，亦能够作为一种自我表达的语言。

有幸的是，尝试和摸索的过程并不孤单。我会经常和身边的女性朋友交流，她们也都非常信任我，不时向我征询一些衣橱建议。没想到在帮助大家解决问题的过程中，倒逐渐归纳整理了很多方法，直到有一天，我发现这些方法可以适用于更多人。终于，在2016年3月19日，抱着玩玩看的心态用@FIGURINE生活志这个微博账号发布了第一篇长文章：《一根腰带拯救整个衣橱的方法》。在没有任何宣传的情况下，这篇文章偶获了10万+的阅读量，并且收到了很多支持。震惊之余，我也深受鼓舞。现在回想起来，若非读者对我的长年支持，我也不可能认真地在这个平台上写文至今，更不会有这本书了。

通过和读者长达三年的频繁互动和沟通，我进一步发现了大家的不少新需求。很多读者纷纷表示**现在市面上关于风格、时装史以及时尚文化元素解析类的专业书籍众多，但真正能够帮助普通人在日常生活中选择衣橱单品的好书却很难找。另外，不少时尚类书籍都是由西方作者撰写再翻译成中文的，虽说每个字都看得懂，但能借鉴的内容却很有限。这让我萌生了一个念头，就是要为亚洲女性（尤其是当代中国女性）写一本通俗易懂，且有针对性的书籍，以解决在个人衣橱建立过程中会遇到的一系列实际问题。**

这本书的书名思考过很多版本，最终还是用了我的微信公众号同名：《不赶时髦星球》。一方面简单好记，另一方面，希望大家在这个"星球"里能找到适合自己的单品和风格，重建一个实用又不盲从流行的个性衣橱。

The
Secret
of
Styling

Avo
2019年3月11日 于美国

GREATER
GOODS
COFFEE ROASTERS

HOURS
6:30AM - 7:00PM
DAILY

The
Secret
of Styling

CONTENTS

不赶时髦星球

目录

84弄 1-34号

The
Secret
of Styling

不赶时髦星球

目录

風格
永存

在试衣间
学会了解自己

　　每个人在衣橱建立的过程中总免不了要付一点"学费"，但是我希望大家可以将金额降到最低。这其中最有效的方法自然是学会在试衣间了解自己。说起来，我人生第一次愉快的试衣经验也来得很晚。

　　2010年10月的某一天，我独自游荡在巴黎著名的圣多诺黑大街（Rue St. Honore），想着来巴黎总得买些什么吧，脑子里却完全没主意。鬼使神差地走进一家风格看起来不错的专卖店，竟然发现货架上的每一件衣服我都喜欢。店里空荡荡的，只有一个看起来略显冷漠的巴黎小哥，他既没有迎接我，也没有在我挑选的时候做推荐，只是沉默地帮我把衣服放进试衣间。不过这种"不理不睬"反倒让我没什么心理压力，便笃悠悠地一件件试了起来。试衣间不小，但不知道为什么里面却没有镜子，每次试完都得跑出来照外面的大穿衣镜。这时巴黎小哥就冷不丁在我身后开始讲话了：

　　"这件驼色大衣你穿起来很好看。你看，袖长和肩线正合适。你还挺高的，刚好撑得起来。要知道前不久菲比·费罗（Phoebe Philo）刚推出了一件驼色大衣，整个巴黎瞬间卖断货了。那件和你身上这件看起来差不多，但我确定这件更适合你。"

　　"这件皮夹克……嗯……我觉得你的气质不太适合这种有铆钉的设计。我不建议你购买，你将永远不会有机会穿它。"

　　"这件连衣裙你穿不好看，领口卡得太紧了，胸口荷叶边太复杂了，不适合你的身材。而薄羊绒衫和阔腿裤就很适合你，配刚才那件驼色大衣刚刚好。"

　　然后我发现这个看似高冷的小哥不但话很多，而且很认真地围着我绕了三圈，仔细分析我和衣服之间的关系，虽说讲话很直接，但的确都讲在点子上。在他的帮助下，我最终买了第一件驼色羊毛羊绒混纺大衣，一穿就是10年，现在冬天都还在穿呢。

　　这段试衣间的经历给了我很大的启发。以前去试衣服一般就看个大小尺寸，合适就买下，不合适就赶紧脱下来，很少会仔细分析为什么合适，为什么不合适，甚至都不想在镜子里多看自己两眼。但如今我会耐心地分析款式、颜色，并多拿几件衣服做搭配。现在就将这个具体方法分享给你们：

1. 无论合不合适都要搞清楚"为什么"。这样长期下来，才能知道自己究竟是什么样的身形，什么设计是自己的"雷区"，又该选择什么设计来帮助自己扬长避短。

2. 带着问题去试衣服。如果你有一身搭配独缺一个单品，那么就把这套穿上，去店里边试边找；如果你想尝试一个颜色，又不知道适不适合自己，可以多拿几件相近色，边试边比对，这样才能够有效地搞清楚自己到底适合哪一类色系。

3. 遇上不确定的就用手机拍下来，回家慢慢研究，不要脑子一热就先买了。

4. 在试衣间了解自己的成本很低，不买也不要害羞，有机会就多试试。

关于风格和自我的
Q&A

　　曾看到一个视频，说日本有一位女性在十年前买到了一条昭和时代的粉色古着连衣裙，穿上它的时候，她一下子对自己产生了巨大的认同感，从此她留"藏耳"短发，一直做昭和女郎的打扮。又不知道在何处看到一位英国珠宝设计师的访谈，说她最喜欢穿白色的衣服，像是披上了一道光，会一下子让自己感觉异常轻盈。

　　相较于过去主要为了迎合他人（某一阶层或某种场合）而穿衣打扮的人，现在有了更多的自由。我们可以打扮成自己喜欢的样子，也更关心个人风格的建立。然而今时今日，要凭空建立起一个完全原创、不借鉴任何现有文化、独立于世的风格几乎是不可能的。好在不同组合加上人所产生的化学反应，可以帮助你形成一个相对独特，或者说，鲜明的个人风格。这也要求大家得不断学习和思考：**学习某种风格和元素的成因，思考这些元素和自己的契合度。**另外，个人风格并不是一个平面化的东西。**虽然一辈子坚持某种风格值得尊敬，但在我眼里，不断探索自己的可能性，可以说是在寻找风格和自我的过程中最有趣的事情了。**

　　直到现在，我也很难讲清楚自己的个人风格是怎么样的（倒是有很多人帮

我定义），更没有办法讲出一套适用于所有人的方法论来帮助大家"一键找到自己的风格"（根本不存在这样的方法论）。但希望可以通过之前和读者们的问答，给大家带来一些灵感和方向：

Q1：感觉你的搭配都是偏法式和英伦范儿的，你怎么认为？

我：无论英式还是法式，说到底都是一个通俗的概括，便于理解但并不准确。如果要这么概括的话，我在夏天大部分时间会选择比较清爽简单的造型，有时候也会来个民族风大反差。说真的，我认为自己的风格是：**建立在实用主义上的风格大杂烩。**我对太多不同的文化着迷了，除了"实用和舒适"是不变的，我并不害怕尝试不同风格。

Q2：穿衣方面的 Icon （偶像）是谁？

我：现在资讯这么发达，真的很难只从一个人或者很少的几个人身上获得灵感。对我而言，这应该是一个**"从不同人身上各取一点灵感"**的过程。如果一定要选一个的话，那就选露露·德法拉蕾斯（Loulou de La Falaise）吧。

Q3: 你是如何找到自己的个人风格的? 有没有一个不断尝试摸索的时期?

我: 我很小的时候（可能只有几岁），会翻阅我妈订阅的时尚杂志（她以为我在认字，其实我只是在看图……）；稍微大一些，她会对我的穿搭进行一些指引，但不会强迫我，而是像朋友一样给出自己的建议（她的色彩感觉非常好）；青春期的时候，我喜欢的音乐人或者电影女主角的穿衣风格都会给我不同的灵感；等身材和长相定型之后我就开始思考究竟什么衣服适合自己。这不是一个一蹴而就的过程，可以说**每个年龄段都会有不同的针对性思考，有时候我回想起来，觉得个人风格都是日积月累由兴趣转化而来的。**

肯定是有不断尝试和摸索的过程。虽然我自己也没经历过所谓的风格巨变，很多我现在在穿的风格，小时候也穿。比如高中时候经常穿的高腰喇叭牛仔裤（当然是放学的时候），或者男士衬衫之类。但是随着接触的东西多了，加上我也不太在意他人的目光，所以会在原本的风格上叠加很多新的元素。另外，我所生活的城市氛围也对我的穿衣风格有很大的影响。上海本来就是个接受度比较高的城市，去了美国以后更是放飞自我了。

我觉得对我最有益的一点是：**理性和感性的统一。理性和感性并不一定是矛盾的，我理性分析下来适合自己的，好看**的，感性上也会认同，很少出现我偏偏喜欢"一种不适合自己的风格"的情况。做适合自己的打扮往往并非为了让他人喜欢你，更多是让自己觉得舒服自在吧。

Q4: 想知道你有没有经历过风格变化的阶段? 如果有, 能不能分享下是因为什么契机或者有什么感想?

我: 我觉得相对于变化，不如说是一个叠加再融合的过程。契机的话，问起来我才发现，的确是有的。**很多年前看了玛格丽特·霍威尔（Margaret Howell）的访谈，让我意识到"衣服的功能性"是很有价值的。**大家可能会发现我的日常穿搭里有不少男装元素。并不是我觉得男装元素看起来酷或者内心住了个小男孩，而是我觉得很多男装经典元素非但好看，而且有道理，是一种基于实用的智慧。（并不是说女装就没有哦，只是女装注重的点更杂。）

另外，有几年我频繁地出去旅游，吸收了不少城市的"风格"。除了让我收获了不少灵感，这些经历也让我搞清楚为什么这些城市会形成这样的风格。举个例子：在上海湿热的夏天，穿薄毛呢三件套是不是很怪？但英国夏天平均气温20℃左右，苏格兰更冷，所以他们在夏天做这种打扮就很合理。许多地区风格的形成都是有原因的，那种无缘无故、摸不着头脑的搭配在我看来是有些尴尬的。

Q5：请问是否有一部特定的戏剧（电影、电视剧或戏剧人物）是你穿搭灵感的主要来源或者是标志性的 icon，还是经常会在不同的戏剧里找到灵感并进行混搭？

我：没有特定的一部电影。我知道很多人都会有一种固定思维模式，好像喜欢穿男装就因为《安妮·霍尔》。其实怎么可能只通过一部电影来穿衣呢？我自己的确会从不同电影中找不同的灵感。印象比较深的是**伊娃·格林（Eva Green）在《裂缝》里的打扮**，我很喜欢，但远远不止这一部。

能力范围内，
要不要只买最好？

　　我认同好品质，也非常愿意投资优质的基本款，因为我有把握这笔投资多半不会失手。然而样样东西都要在能力范围内买最好的，我并不同意。在做任何一笔投资之前，都应该先理性地分析清楚自己的**消费习惯**、**需求**和商品的**性价比**。不过，一个人无法为每一个不同的人量身定制不同的衣橱，有些我眼里的基本款甚至算不上大众眼里的衣橱经典。虽然**这本书的正文部分会讲到很多我会投资的衣橱单品，但依旧希望大家能够在此基础上思考自己的实际需求**。下面是我给大家的三点小建议，不妨在购物之前常拿出来看看：

　　1. 有口皆碑的好东西也不代表就值得投资，比如经典战壕风衣。要知道没有任何一样东西是100%适合所有人的，在构建衣橱的时候一定要想明白自己到底需要什么？适合什么？否则都是浪费钱。

　　2. 如果你现在不确定自己适合什么类型的衣服，完全可以先买便宜的版本或者多试试，旨在搞清楚自己到底适合什么版型、颜色、面料……等找到适合自己的单品，确定真的需要之后，再购买同款的高品质版，然后好好维护，争取穿回本。

3. 有些单品就是消耗品，在保证品质的前提下，性价比会更重要。比如棉袜，你可以买70美金一双的，也可以选择几十人民币一双的，脚感肯定有差别但不至于有价差那么大。怎么选择，完全要根据自己的消费水平。对于我而言，品质还不错的棉袜未必见得有多贵，常换常新才比较舒服，没有必要样样都买所谓"最好的"。

断舍离太难？
不如保持衣橱的
动态平衡

有一阵特别流行断舍离，很多人脑子一热就把衣橱里面不太穿的衣服丢了个遍，号称以后再也不买衣服了。最后呢？衣服还是慢慢"生"了出来，而自己则一直活在"断舍离"未能成功的懊悔之中。我个人向来都不是"断舍离"的簇拥者，因为部分衣橱单品的"新陈代谢"不可避免。

或许你和我一样，并不是一个甘愿买爆款被潮流牵着鼻子走的人，在购置衣橱单品的时候也尽量往"经典"二字靠。但不能否认的是：**身份的转变，生活方式的改变，有时甚至仅仅是一个新发型，就会使你的衣橱不可避免地发生改变。**

一些衣服在学生时代可以从高中穿到大学毕业，但一到工作岗位，立刻需要"退休"；有些满衣橱都是时装藏品的时髦精，在生了孩子之后总还是需要一些舒适休闲的衣服来迎合一个妈妈的生活方式。另外，换城市、长发和短发，肤色体形的变化，个人风格的转变……这些自然而然地会导致人们需要购置新衣。

既然大部分人都做不到断舍离，又不能任由衣橱"野蛮生长"，为什么不去寻找一个适合自己又可行的方案呢？为此，我对自己的要求是：做到衣橱的动态平衡。通俗地说就是：在一边买进新衣服的同时，一边处理掉不用的旧衣服，保持衣橱始终能在一个合理范围内。

维持衣橱动态平衡的第一步当然是整理衣橱。要知道，真正会穿的人，她的衣橱一般都不会太乱。一个有条理的衣橱才能提升你的搭配效率。而**整理衣橱不是一个机械的清洁活动，我建议一边整理一边全盘分析一下自己的购物行为，作为以后买买买的依据。**拿我自己做一个例子吧。根据我的分析结果，以前经常犯的错误有三个：

1. 同类衣服买很多，比如白衬衫。明明不需要每天穿白衬衫，但是家里充斥着各种各样的白衬衫。每一件都一样么？当然不是。但是搭配的时候其实都差不多。我身边有很多人沉迷于买牛仔裤，家里有上百条……总之，基本款看似合理，实际上是个大坑，很容易造成不必要的重复购买。

2. 明知道穿的机会不多，但是因为喜欢就大量购入。比如我过去生活的地方很暖和，冬天气温也常常超过20℃，但那会儿却非常痴迷于买各种款式的厚毛衣。这些毛衣当然都很好看，但很占地方，而且平均下来每年每件也穿不到几次。

3. 第一反应就选黑色。这个问题这几年好多了，但我以前经常犯这个错误。无论是包、鞋子、外套、裤子还是上衣，总是看到款式好看就不假思索下单黑色，导致衣橱黑色单品泛滥（黑色的裤子，衣橱里可能有十几条……）。很多款式明明买过，然而为了色彩搭配，却要重新购买一些别的颜色造成了不必要的浪费。

理衣橱的时候，你还可以做这些事情：

◼◼◼ **1** 尽可能把衣服挂在看得到的地方

衣服叠起来，塞进抽屉，然后……就没有然后了。一般花比较大的价钱投资的衣服，我都会尽可能挂出来，搭配的时候经常过过眼，提高利用率。

◼◼◼ **2** 回看一下自己的 OOTD

我以前上班出门的时候会简单拍一张 OOTD（Outfit of The Day，即今日穿搭），不但能提醒自己买过些什么，回看的时候更能帮你分析出哪些单品是真正的**衣橱支柱**。在理衣橱的时候翻一翻过去的 OOTD，你的思路会更清晰，整理过程也会更有重点。

▉ ▌ **不合身的衣服立刻送改**

我自己腰围比较小，很多下装最小号都需要改腰围。放在以前，我总是告诉自己：别改了，以后万一胖了就不能穿了。但事实上，新买的衣服放了好几季都没有等到自己穿着合身的那一天，就对它失去了新鲜感，不怎么想穿了。如果你买来的衣服大了小了长了短了，都立刻奔去裁缝那里改，以适合当下的体形。新买来的衣服多穿穿永远是最回本的方式。

▉ ▌ **研究一下到底缺什么**

对着电脑刷折扣的时候，很多人的关注点只在东西好不好看，价格是不是实惠，很少能够真正冷静下来思考：自己到底需要什么？而整理衣橱的时候，每一件单品都会过一遍你的手，抓住这个机会好好想一想：哪些单品过剩，今年不要再买了；哪些是真正缺少的，可以加入购物单。而且我建议你在自己手机里留个档，下次结清购物车之前拿出来比照一下，看看是否买的都是自己真正需要的单品。如果不是，果断地将它踢出购物车。

等做完上述所有步骤，你丢出来的衣服基本上就是真的不会再穿了。很多人可能会简单粗暴地决定把它们捐掉或者索性眼睛一闭，扔掉。且不说很多你想捐掉的衣服，贫困地区的人可能根本不需要，而扔掉又不利于环保。仅仅从收支平衡的角度去思考，钱袋子永远只出不进，这样下去永远也做不到购衣费用的相对平衡。所以我的建议是：想办法卖掉。卖不掉的再考虑捐掉或者扔掉。现在二手平台选择还挺多的，接受二手衣物的人也越来越多。平时记得少买快消品，学会保养自己的衣物，这样才能在出闲置物品的时候卖一个好价钱，也能给下一任主人带来幸福感。

单品 v.s. 搭配，
谁更重要？

　　单品和搭配到底谁更重要？经常有人对此进行争论。在我看来，单品是一个元素，而搭配是所有单品集合所呈现的效果。对于专业的造型师而言，他们的确拥有化腐朽为神奇的能力，可以将你看不上的单品搭配出美感。但**对于大部分普通人而言，几件优秀的单品通过简单的组合，往往就能呈现不凡的搭配效果，何乐而不为？打个比方，一个好厨师可以把不好的食材做出好味道，但换成好食材呢？岂不是锦上添花的美事。**

　　况且，搭配的灵感往往是从一件好单品身上获得的，所以我买东西的时候有一个先行概念：这样东西，本身设计得好不好看。一件T恤搭配在西装里或许只能看到一个领口，但是这不妨碍我们买一件从领口、袖口到下摆等各方面都好看的T恤。真正好看的单品才会在各种搭配里展现不同的美，加上现在选择那么多，没理由不好好地挑选每一件单品。如果每一件衣服都是随便买的，衣橱里充斥着"鸡肋"，这些衣物肯定穿不久，也不具备提升搭配的潜力。

　　当然，一件衣服是不是好单品，有一定标准，也有一定主观因素。对我而言，或许一条略显胖但是风格很棒的裤子就是一件好单品，但换成其他人，则另有诉求。在这本书的正文部分，我将带着大家去寻找那些我眼中的衣橱好单品，也会尽可能照顾到大部分人的基本需求，同时会放入一些相对小众的单品，说不定会给你的衣橱带来新的元素。

The
Secret
of Styling

上装

在崭新的纯棉白T恤之间，
一般人看不出太大的区别，
甚至刚开始穿起来也不会觉得相差太多。
但下过几次水之后，
真正决定这件T恤能不能旧旧的也很好看的，是面料。
一件经典的白T恤不应该穿一季就被淘汰。

一件气质
白T恤

夏季只着一件看似简单的白T恤简直可以视为一种"炫耀"！毕竟能把一件最为简单朴实的单品穿好看，就足以证明你的个人魅力。一件白T恤，没有图案、没有花纹、没有任何"博眼球"的地方，考验的就是版型、面料、质感和做工。

事实上，买一件"自带气质"的白T恤并不容易，在缴了无数学费之后，我总结出几点，或许能够帮你寻找到适合自己的那一件：

1. 和普通棉布白T恤相比，带有一些透明度的高品质针织T恤会有一些恰到好处的修身功能，而且看起来像是一件精美的薄羊绒衫，质感更胜一筹。这样一件白T恤非但单穿好看，作为打底也不会太闷热，且不易和外层衣服接触后皴起，舒适度高。

2. 面料很重要。在崭新的白T恤之间，一般人看不出太大的区别。如果是全棉质地的，甚至刚开始穿起来也不会觉得相差太多。但下过几次水之后，真正决定这件T恤能不能旧旧的也很好看的，是面料。一件经典的白T恤不应该穿一季就被淘汰。

    3. 白T恤要显精神，领口不能垮。虽然U领或者V领更显瘦，但最理想的领口应该是恰巧露出一点锁骨的小圆领，兼具一定的显瘦功能和时髦感。

    4. 虽说有些姑娘追求"邋遢帅"，但对于大部分人而言，要穿好一件白T恤，袖口忌讳不规则的皱起或者荡来荡去。

    5. 下摆不宜太短，尽可能可以束在下装中穿着。当然也不易过长，长长一截下摆荡在外面或许有些"潇洒不羁"，但也容易显腿短。

    我自己有两件非常喜爱的经典款白T恤，其一来自英国针织老牌，工艺精湛，细看还有微妙的织法变化。用了海岛棉，触感丝滑却带一丝筋骨，穿着舒适，反复清洗也不易变形。其领口、袖口和下摆都有微收口设计，是一件不露声色却问询度颇高的单品。

    另一件中袖白T恤来自一个瑞典品牌，用了90%超细莫代尔纤维+10%羊绒，穿着感异常美妙。这10%羊绒虽不会增加保暖度，却改变了纯莫代尔面料

的滑腻感，从而带来一些羊绒绵柔的质地，提升了整件白T恤的质感。

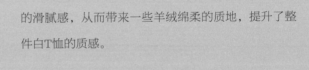

除了单穿配牛仔裤这种典型的 James Dean 造型，我也会用白T恤作为贴身内衣，搭配水洗工装夹克或工装衬衫，并解开几颗扣子；或者搭配素色圆领套头衫，在领口露出细细的一牙白色。

1
One
02

条纹T恤
怎么选?

不知道是不是受海魂衫鼻祖品牌的影响,很多人都觉得:啊条纹衫,衣橱基本款嘛。要买就买一件最正宗的布列塔尼条纹衫,最好穿了!

其实我想说:这种船领细条纹的条纹衫最难穿好看了。尤其是经典版型,真的不适合大多数亚洲女性,除非穿着者是平胸纸片人脖子还特别长。

理由有二:

1. 松身剪裁、宽大的袖子,配合几乎无法露出锁骨的船领,使得即便是身材姣好的女生穿都会莫名胖一圈外加"没脖子"。

2. 面料偏硬导致衣服整体不能很好地贴合身体,尤其坐着的时候腹部这里经常被面料撑出一块凸起。

当然了,这家海魂衫鼻祖的设计自然有他的道理。海魂衫最早是法国布列塔尼海军的制服标配之一,条纹的设计是为了醒目,易于辨认。作为海军制服,讲究的是面料结实耐磨,偏厚偏硬也是作实用考量。这种衣服不贴合女生曲线,也压根没考虑过显瘦诉求实在是可以被理解的,毕竟那会儿还没有改良海魂衫的香

我最喜欢的
草绿＋藏蓝

奈儿女士什么事呢。这件"鼻祖海魂衫"
我自己也有一件红白相间的，反复机洗多
年还是像新的一样，就品质而言，着实让
人有些感动。

　　不过即便是符合女性身形，面料也相
对柔软贴身的条纹衫依旧不是那么好穿，
因为横条纹本身在视觉上就显胖。好在这
个问题太容易解决了，关键一个字：**遮**
（水手们其实也通常是将其穿在水手服里
面的）。

　　条纹衫整件露出来当然不可能显瘦，

但是配上外套遮住身体两侧的宽度，或者是穿在套头衫里，在领口和袖口增加一些条纹元素，都是很好的显瘦搭配法。因此，**在条纹衫的选色上，我建议相间色最好能够搭配你衣橱里尽可能多的外套或套头衫颜色。**举个例子，我自己最常穿的三件条纹衫分别是黑白条纹（用以搭配黑、白、灰毛衣或者驼色风衣）、红白条纹（搭配红、白、米色毛衣）和苔绿拼藏蓝条纹（搭配蓝绿色系毛衣或外套）。其中我穿着频率最高的并不是黑白条，而是苔绿拼藏蓝条纹。当然这和每个人的衣橱色彩构成相关，仅仅提供一个例子，希望大家可以多做尝试，不要被经典的黑白或者蓝白条纹困住。

圆领、V领
还是U领?

One

03

　　相信不是所有人都追求显瘦、显白、显高、显腿长、显脖子细……"风格"
和"我喜欢"在我心里始终是大于一切的。但考虑到我们普通人难免会有上述
几项需求,我还是想要尽可能照顾到这些实际需求。其实无论是圆领、V领还是
U领,都有办法通过搭配扬长避短,不过考虑到大部分人还是有"显瘦"这个诉
求,那就从这个角度讨论下领口的选择吧。

　　V领是大家公认最显瘦的领口形状了,讲究的是这个"V"字的形态(开口
大小和比例),我个人觉得V领的横向开口以露出1/2锁骨为宜,深度应该恰好不
露出乳沟。但这不是绝对的,如果脖子偏粗短,那么V领的开口应该略小,整个
"V"字应更狭长,通过在视觉上增加肩宽,使脖子相较而言显得细长。如果上
半身比较短,相应的"V"字也应偏短,以优化上半身比例。另外,我个人觉得
窄肩或者溜肩的姑娘穿起V领T恤有些吃亏,非但较易暴露肩部缺点,还有可能会
撑不起来。而肩膀生得又宽又平,锁骨也漂亮的姑娘是最适合穿V领T恤的。

　　U领在我看来和V领一样显瘦,却没有那么挑人。它不但能在视觉上拉长脖
子,适当的露肤度也有一定瘦身功能,加上U领T恤的肩部线条往往比较圆润,

对窄肩溜肩更友好。

　　小圆领可以说是最不显瘦的，在第一节介绍白T恤时也提到过。无奈它实在精神又时髦，让人欲罢不能。我的解决方案是，选择低膨胀感的圆领T恤或许可以弥补一二。**低膨胀感指的是哑光面料或者偏低调的颜色。**一件黑色亚麻圆领T恤想来也要比一件白色绸面圆领T恤显瘦很多。如果怕太过暗淡，也可以选择大体深色，有亮色在领口和袖口勾边的圆领T恤。

① 去平价快消牌实体店试款式。摸清自己的身形到底最适合穿什么类型的T恤，雷区在哪里，千万不要看着身形和自己完全不同的模特边幻想边网购。还有，试穿的时候要多琢磨领口、袖口和肩部的设计。

② 去高级的品牌专卖店摸面料。很多丝棉、丝麻、羊毛或羊绒和棉混纺的面料穿起来都很舒服，面料的世界是很神奇的，不一定非要盯着100%全棉买。当然，全棉的世界也并不简单，多接触好东西才能获得辨别好坏的能力。

One

04

一件衬衫
应有的质地

　　基本款衬衫作为各大品牌必争单品之一，其版型倒并没有那么神秘，很多平价品牌经过无数次改版之后都能做得不错。相比之下，无法跨越的差距其实是：质地。一件质地精良的衬衫是值得投资的，在反复穿着和熨烫中会变得更有味道，且更贴合你的身形。

　　虽然大体上，天然面料的衬衫无非就是丝、棉、麻，但是这其中大有学问。我自己试过一件白衬衫，用了英国高定面料品牌 Thomas Mason 的全棉料子，非但摸上去像丝一样滑，上身之后也立刻能感受到面料恰到好处的弹力，继而就能明白为什么好版型得靠好面料撑。全棉按照不同的梭织方法，可以形成质感截然不同的布料，或软或硬或脆，结合版式设计，可以展现出不同的风格。

　　再说说麻。个人很喜欢亚麻质地的衬衫，其朴质的布料肌理和软硬适中的轮廓感并不是其他面料能代替的。有些人可能会担心麻制的衬衫穿感太粗糙，其实随着现代纺织工艺的不断精进，麻这种原本很难精纺的材质如今也可以做到亲肤且不失筋骨了。

　　关于全真丝衬衫，很多人可能有一个误区，觉得姆米数越高越好。但其实，大家都以为好的重磅真丝并不一定适合所有人。想要显瘦的话，还是得穿浅色低姆米薄真丝或者真丝雪纺。这个显瘦的道理也很容易理解：

1. 浅色薄真丝的透光性好，会在衣服和皮肤之间透一层光，从而产生"衣服里面的你其实小一圈"的错觉。更厉害的是，衣料会在身上投下一层阴影，媲美"全身打修容粉"的瘦身效果。

2. 很多真丝面料会和蕾丝做拼接，我个人不太喜欢，觉得再贵的衬衫看起来都有点廉价。我更喜欢带有暗纹的真丝提花面料，视觉上没有那么"平铺直叙"，低调有细节。

① 衬衫面料的质地应该和它的颜色及设计相得益彰。比如薄脆挺括的 Poplin（府绸） 就适合用在偏正式的衬衫款上，而亚麻和法兰绒则适合相对休闲且非正式的款式。这不是100%定理，但一定适用于大部分情况。

② 尽可能不要买化纤衬衫。化纤透气性差，纤维韧性不如天然面料，日常穿着容易闷汗，反复洗涤也容易破损。

1

One

⑤

每个人适合的
那件衬衫
都长得不一样

很多人会说：衬衫一定不能买收腰的，难看死了！

我想说，那很可能是因为他们没有见过詹弗兰科·费雷（Gianfranco Ferré）设计的收腰白衬衫。

版型和剪裁除了表达设计师的理念，其基本职责就是修饰和调整身形。虽然我不认为所有人都适合收腰衬衫，但是版型到位的收腰款衬衫真的可以使你看起来更瘦更挺拔。

当然，收腰的款式日常穿着肯定不算很舒服，所以私下我还是穿轻松无拘束的 Boyfriend Shirt（男朋友款衬衫）比较多。注意：Boyfriend（男朋友款）不等于 Oversized（特大号），它的特点是利落的直身男式版型，高于臀线的衣长以及大致正确的肩线位置和袖长。

不推荐 Oversized 衬衫的原因有两个：① 衣摆太长显得比例不好（可能显腿短）；② 不合身的衬衫大部分人都驾驭不了（错位）。如果想要打造"穿男朋友衬衫起床"那种不经意的性感，选 Boyfriend 款就好了，千万不要迷信 Oversized 的所谓慵懒感。

除了收腰和直身两种最基础的女士衬衫版型，还有一种伞形（或称A字形）轮廓的衬衫，这种衬衫由"纸片"身材的姑娘穿起来可谓青春又时髦，可惜大部分人一穿就显胖，希望大家最好谨慎选购。

虽说版型决定身形，但是细节上的设计也绝不能忽略，尤其是领子、口袋和袖子这三处的设计。

领口设计非但决定风格，还能决定脖子有多长，以及穿上这件衬衫你能看起来瘦几斤，这绝不是危言耸听。最显胖的一定是小圆领衬衫，除非穿在毛衣里面打底；第二显胖的是 Pussy-bow Shirt（胸口带蝴蝶结的衬衫）。胸口一朵蝴蝶结本身就会加重上半身的"重量感"，假设蝴蝶结打的位置偏低，更会在视觉上影响上半身比例，使胸位下移。唯一的破解方法是选择小而精致的蝴蝶结，并且打结位置要略高一点，或者索性解开当飘带；第三显胖的是常规尖领，但还好穿衣的时候可以解开两颗扣子释放脖子，比全部扣起来显瘦。然而，一旦遇到某些比较挺括的大尖领，即使解开两颗扣子，左右衣领还是会自然搭在一起，那就没这么显瘦啦。

这时候就需要介绍以下三款特殊领口衬衫（注：下面这三种衬衫在英语中的分类应该是 Blouse，更接近衬衣这个翻译。不过，女装的世界没有男装那么泾渭分明）：

1. 没有领子的无领衬衫。一般无领衬衫解开扣子之后会自然地形成一个小V字，显瘦。

2. 还有一种 V 领衬衫，就是在设计领口的时候自带V领效果的。

3. 西装领衬衫。即领口左右交叠，类似西装中戗驳领的设计。

说到底，领子设计到底显不显瘦，主要看露出的脖颈部分的长度和形状（脖子根部到胸口呈倒三角形状▼）。大家都知道V领的延伸效果，就是能够让脖子看起来更细长。

再说说口袋设计。衬衫上口袋的重要性就和牛仔裤臀部贴袋一样重要。后者对应的是臀形，前者对应的则是胸形。衬衫口袋的大忌有三个：

1. 位置低。一般大家潜意识会觉得口袋是位于胸口的，位置太低的口袋会使人产生胸部下垂的错觉。

2. 分得开。和上面所说的同理，双口袋衬衫要是口袋分得太开也会造成胸部外扩的错觉。

3. 太大。有些口袋设计得太大，把腰部曲线完全遮住，破坏上半身比例，也不太理想。

所以，精致小巧、位置偏高的口袋设计是最能够修饰普通人身材的。

小贴士

① 宽肩厚背千万不要选公主袖。

② 落肩的款式显瘦。

③ 如果要选择有袖带的设计，一定要注重袖带的做工。

如何根据
颜色和图案
配置衬衫?

很多人会习惯性地买很多白衬衫，其实若非工作需要，大部分人日常生活中是不需要那么多白衬衫的。在实际生活中穿白衬衫往往过于正式，非但自己觉得不松弛，别人看着也怪拘谨的。不过作为一个爱穿衬衫的人，我会购买其他颜色和花型的衬衫，通过搭配来增加精致感、减低正式感。如果你对衬衫的颜色和图案选择毫无概念，不妨听听我的建议。除了白衬衫之外，我觉得可以根据需求配置以下五款衬衫：

▰▰1 蓝白条纹衬衫

醒目的蓝白条纹几乎可以和任何下装及外套搭配，哪怕不动脑筋穿一身黑，露出一些蓝白条纹衬衫都会使整体造型活泼不少。而黑白条纹则会显得更严肃一点，我个人更倾向于蓝白条纹。

■2 米色真丝衬衫

米色相对白色要含蓄很多，而且真
丝面料柔软，会带来更多女性温柔的气
息。尽可能选基本款，上下班都可以穿。
真丝面料的光泽感可以和不少哑光材质做
混搭，比如亚麻、羊毛、粗棉等。

■3 印花衬衫

很多人看到印花就害怕，如果你觉
得单穿驾驭不了的话，完全可以和毛衣搭
配，仅仅露出领口和袖口一点点印花，会
使整体搭配更耐看。选择印花的时候也可
以黑白灰为基础，混杂低饱和色系。

■4 黑白小格子法兰绒衬衫

黑白条纹看起来有些欠缺活力，但
换成黑白小格子就不一样啦。格纹其实并
不好选，日常中很少有人能穿一整件斯图
尔特红格纹却不显得土气。作为衬衫而

言，小格纹会比大格纹更容易穿好看，而黑白又比彩色更容易搭配。由于格纹衬衫自带休闲感，法兰绒质地会比平纹棉更符合衣服原本的气息。最后要注意，灰黑小格纹和灰白小格纹并不推荐，因为拉不开反差，格纹又较密，远看就是灰灰的一团，缺乏层次，显得不精神。

■■■5 一件亚麻原色男版衬衫

在天气比较热的时候，我很喜欢穿一件原色亚麻衬衫，有些偏男士剪裁，不收腰，穿上身松垮得恰到好处。无论是配半裙还是牛仔裤，都会散发一种随性舒适的感觉。当然，穿起来也的确舒服，从早穿到晚直到临睡前才依依不舍地脱下。这样一件衬衫，我也会用来配西装西裤，相对于一板一眼的白衬衫，略微带些褶皱的亚麻衬衫能够中和掉西装西裤的正式感，使整体造型在休闲和正式当中获得一个微妙的平衡。

1

07

三种
无袖上衣，
个性
全然不同

在中文里面，可能无袖、背心和吊带这三者概念容易混淆。别看它们都没有袖子，穿出来的感觉其实完全不同。首先，无袖上衣指仅仅是没有袖子的上衣，但它一般有完整的肩线设计，和下装搭配能够呈现好看的"I"字形轮廓。这种无袖上衣一般不会完全露出腋下，能够较好地隐藏女生最介意的副乳。个人建议无袖上衣最好整体偏松身一点，选择针织无袖的话更能够带出高级感。针织并不等于热。棉、麻、丝都是可以被制成针织衫的，购买的时候看清楚面料标即可。

背心一般具有一定弹力，带挖肩设

计。优点是身材健美的人穿着背心显得健康有活力；缺点当然也是显身材，如果对肩背到上臂的线条不够自信的话，尽可能不要买挖肩很深的背心。我个人对微弹的螺纹背心非常钟爱，炎热的夏天最喜欢配一条黑色亚麻阔腿裤，在松身和紧身之间获得一个平衡。

吊带，尤其是细吊带，在我心里必须要是真丝的才能诠释那份性感。吊带上衣相对背心而言，还是比较松身的，尤其是真丝吊带，因为面料本身弹性不足，一般都会在剪裁上留有余量方便活动，不似背心一览无余。吊带可以在一定程度上藏起小赘肉，尤其是四肢纤细、腰腹藏肉的女生，穿吊带是很能扬长避短的。不过日常生活中，一件宽肩带镂空全棉吊带其实也很容易穿好看，而且可以正常穿着内衣，能够买到的话，穿着率会非常高。

所以在我心里，无袖能够穿出一种简单利落的高级感，背心则显得健康有活力，而吊带温婉感性，它们三者的气质截然不同。

针织套头衫的
领口选择

无论什么样的织纹和配色，一般套头针织衫按照领口设计基本可分为五类：

1. 小圆领（Crewneck）。

2. 圆领（Round Neck/ R-neck）。

3. V领（V-neck）。

4. 一字领（Boat Neck）。

5. 高领（High Neck）。

然而最直接影响穿着效果的就是领口设计。对照自己的身形，先找到适合的设计吧！

先说说 Crewneck（小圆领）。普通圆领一般能看到锁骨，而小圆领是指紧扣脖子，不露出锁骨的那种圆领。大部分女性都很害怕穿小圆领，觉得显胖。其实小圆领配上比较轻薄柔软的面料，甚至是中袖的款式会看起来很精神。

对于纸片人而言，小圆领是最时髦的存在。但如果身板不薄也想买小圆领，那么就有几点考量：

1. 避免过分松身、过长或者男装版型，这样会显得上半身巨大，拖沓，没精神。

2. 不要买织法很复杂的款式，越简单越显瘦。

3. 面料要选柔软或贴身一些的，千万不要选厚重款。

圆领（Round Neck）比小圆领显瘦那是一定的。如果觉得自己不够高，脖子也不长，在选圆领针织的时候可以挑微修身偏U领的款式。也就是说：领口纵向开口略深，但是横向偏窄的圆领。这种偏窄的圆领非但显瘦，还能修饰脸形，在细微处又和那种大圆领针织衫不同。

值得注意的是：**如果不高也**

不够瘦，尽量不要穿太宽松拖沓的款式，这样并不会显得"娇小"。反而长度偏短，能够露出高腰线的套头针织衫会显得比例好，又精干。如果够高，大可选择大圆领，落肩，面料略蓬松的款式，甚至可以内搭宽肩背心，会获得一种简·柏金（Jane Birkin）式的潇洒随性。

V领（V-neck）是很多人的心头好，但它真的有这么好穿么？我看倒也不见得。太基本款的V领说实话我自己不是很喜欢，有点中规中矩的。不过，略微松身或者在肩部有特殊处理的V领还是挺耐看的，比方说加入一些落肩的设计，或者在领口袖口的织法上略有变化。

一字领（Boat Neck），有毒。记住我这句话。如果脖子不是特别细长的话，千万不能碰那种遮锁骨的极端一字领，这无异于"截短"了一截脖子。一字领还有一个问题就是穿了外套之后领子容易团在一起，不服帖。

那么一字领是不是没救了？也没有那么绝望。有一种款式还行，就是露出锁骨，正面能看到包住肩膀两侧的款式（穿起来正面呈扁扁的梯形的那种一字领）。两侧从背部包裹住一点肩的设计能显得肩背部分瘦一圈。其次，露出锁骨的一字领并不会切断脖子的长度，反而会使整个衣领呈现出一个梯形的感觉，显脖子长。但是同样的，这个只适合上半身比较瘦的人，否则领口以下还是会呈现方形轮廓从而显胖。基本上如果清楚自己不适合穿一字领，远离它就好。

最后说说高领（High Neck）。高领，一个看商品图都长一样，上身却各有雷点的款式。高领分全高领和半高领两部分，在此分别讨论。

全高领这几年被神化得不行，好像无论谁，穿上高领就显得智商加了20%似的。但是这种看似普通的乔布斯式针织衫还真不好买。如果别的针织衫尚且可以网购的话，高领毛衣绝不建议网购（方便退货的话，另当别论）。

首先，每个人的脖子长度不一样。模特穿起来领口刚好到下巴，显得很挺括，不代表任何人穿起来都有这个效果。很多时候等你买回来一试，发现领子全团在脖子里，像是松掉的皮肤。更可怕的是翻下来不够，拉上去又太长。

其次，很多高领针织的领子做得太软，看平铺图你以为是正常立起来的，拿到手才发现是东倒西歪的趴趴领。说实话，这种领子我永远找不到正确摆放的方法。再者，领子下沿的位置很重要，如果要显脖子长，领子下沿的位置就

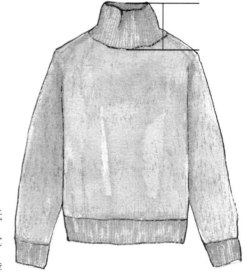

要挖得够低。

黑线标志着领子最高处以及底部最低处，**红线**则代表领口的高度，也等于视觉上你脖子的长度。领子底部挖得低显得脖子长。

最后，厚薄和织法是影响脖子粗细的关键。有些领子太薄太软，支撑不起来；有些太硬太厚，像个颈托。

除此之外，乔布斯式高领非常不适合三类人：① 脖子粗短；② 脸宽；③ 下颌线不优美。紧贴脖子的高领使得脖子和脸的宽度对比加剧，容易将脸衬得更宽；脸的下半部本来和裸露的脖子统一肤色，不会太明显，可惜在高领的映衬下，下颌轮廓会完全暴露出来。如果一定要选择高领，我觉得 CELINE 那种能把下巴整个藏进去的宽松大高领反而更挑人一些。

好了，讲完了高领，我们聊聊半高领。其实半高领比全高领好多了，毕竟能够露出一半脖子，大有文章可为。我特别推荐的半高领是领子有点支撑度，领口略带下弧线的款式，特别显脖子细长。另外一种我比较喜欢的就是领口微松或者带一点点卷边的 Mockneck。这样在下颌与领口之间还有一段脖子，可以有效柔化脸部轮廓，而且略松的领子设计非但能显得脖子细一些，也不至于和脸的宽度形成太大的对比。但如果你买了半高领，穿起来像全高领的话，那还是放弃高领吧，我们还有围巾不是么?

针织套头衫
8问

除了领口的设计之外，针织套头衫针对不同身形的人到底还存在哪些"雷区"？一些特殊的针织款式应该如何取舍？网络上的老读者们提出了很多有价值的问题，在此一一解答。

Q1：我不高，不瘦，脸也不小，但是就喜欢大大的毛衣，感觉钻进去很有安全感，到底能不能买呢？

A：可以，但千万不能买太长的款式，衣长不要过臀线，否则肯定会拖累比例。最好能带一点落肩的设计，这样会显得人比较瘦。领口的话可以选择偏松的高领以减少脖子和脸的宽度差，圆领和V领也是不错的选择。

Q2：最近流行的"短一截"毛衣，适不适合普通身材的亚洲女性呢？

A：对于所谓的"短一截"，每个品牌都有不同的衣长标准。一般而言身高在165cm以下的话，穿大部分欧美品牌的短一截毛衣看起来应该还是不错的，略短的衣长显得人精神，也不会露脐。但是170cm 以上且胸部丰满的妹子穿"短一截"毛衣就会比较尴尬，刚好扣在胸线下方的长度会使得上半身呈现近似正方形的轮廓，容易显壮。

Q3：如何选择针织面料?

A：我觉得大家想问的其实是纱线？通常我比较推荐羊绒或者美丽诺羊毛等天然材质，也可以混纺一些棉、麻、丝，但关键是要以天然材质为主。化纤面料并非半点不可取，但是化纤含量过多（我觉得超过20%就算太多）会导致不够透气，穿着容易闷汗，更关键的是纤维结构较脆弱，容易变形甚至破损，衣服寿命不长，穿着感也不算理想。

同时我也建议大家**根据不同的温度来配置自己的毛衣**。举个例子：我以前生活的地方冬天并不是特别冷，所以会以细针织毛衣为主，再配合少量相对厚实的羊绒衫，这样无论是叠穿还是单穿，可以从−5℃应对到15℃左右。

Q4：想买经典款水手毛衣，但是不高也不瘦，适合吗？

A：即便高瘦，水手毛衣也不是那么好穿的。经典款水手毛衣其实是男士版型，这种男士版型演变而来的针织衫其实很难适合女性身材。面料软一些的还凑合，面料厚重的话，一般女性可能不太撑得起。而且由于它的面料厚实，不跟身材曲线走，所以真的有点显胖。我见过真正能把这种毛衣穿得好看的女生一般都是大骨架配合纸片人身材，尤其是肩膀要撑得起。

Q5：绞花大毛衣看起来复古又好搭配，不瘦也不高的可以穿吗？

A：可以，但尽可能不要选择花型立体感太强、太厚的绞花毛衣，而要选择织法稍微松一点的款式，领口不要掐得太紧，衣长别过臀线。做得好的绞花大毛会在领口、肩膀、袖子和身体处用不同的织法来显瘦，大家买毛衣的时候可以好好观察这几个地方。

Q6：又高又壮的人是不是不适合穿厚毛衣？

A：我理解的又高又壮是健美的身材，那样的话的确是简洁贴身的面料会比较好看，因为它能够展现你健美的曲线，如果是松松垮垮地团在身上，那么肌肉和肥肉可就分不清了。这种身材尤其适合水手毛衣以及其他男士版型毛衣，不过得选合身款。

Q7：每次买毛衣都不知道怎么选颜色，有什么窍门或者方法吗？

A：套头毛衣一般都是用来做内搭的，选颜色的确很重要。如果外套以黑白灰居多，毛衣也是清一色黑白灰，那肯定会比较无趣。在此分享三个最简单的窍门：

1.按照外套色选套头毛衣。比方说驼色配苔绿好看，你有驼色的大衣，那毛衣就可以选一件苔绿色的。另外，如果外套是杂色的，那么可以在这些杂色中选一个适合的颜色作为毛衣色。比如我有一件常穿的花呢夹克，里面带有紫色、绿色、黄色，我就可以分别内搭紫色、黄色、绿色的纯色毛衣以呼应外套的颜色。

2. 按照下半身的颜色来搭配毛衣。比如 A.P.C. 2016年秋冬那一季用香芋紫毛衣配棕色灯芯绒裙，我个人很喜欢。

3. 毛衣不一定是纯色的，几何图案配低饱和色毛衣非但时髦还很好搭配。

Q8：天很冷的时候免不了要毛衣叠穿，对此有什么技巧可以分享吗？

A：首先是厚薄。一般厚毛衣看起来有型，很吸引人，但是叠穿的话决不能两件厚毛衣穿在一起。比较合适的是**细羊毛针织衫配合厚实的毛衣**，这种厚薄组合穿起来才够舒适。另外，叠穿一定要注意领口的叠加，一般高领外搭小圆领或者V领、小圆领配大圆领都是很经典的组合，但圆领配船领就没有那么和谐了。最后是配色，要找到一组和谐的配色并注重面积上的对比。

1

One

⑩

哪件针织开衫
能成为衣橱支柱？

    如果你的衣橱里只能有一件针织开衫，那么一定要买最基础的版本。其实开衫（Cardigan）原本是用来穿在衬衫外，外套里，加冷暖的衣服。厚薄适中，并具有一定的装饰功能是它的本职所在。当然，这个前提是你只能有一件开衫，实际上，这么多好看的款式，不动心太困难。接下去我们按照开衫的长度，来看看你究竟适合哪种开衫吧。

    首先是最受欢迎的长开衫。很多人迷恋长开衫，觉得穿上就能同时拥有潇洒、飘逸、慵懒的调调，但是最终被它"吃掉"身高，或者因它变身"板砖"的不在少数。在长开衫的选择上，最重要的一点是：**衣襟间所露出的身体部分的形状。**

    很多开衫的两侧衣襟分得很开，本身就不怎么能够遮住身体两侧，修身效果近乎无。更糟的是，上半身比较壮实或者胸部比较丰满的女孩穿起这种开衫，衣襟会被最大程度地撑开，身体露出部分呈现"盾牌"形状，效果更糟糕。所以对于丰满的人而言，一定要选择两侧衣襟遮盖度大一些的开衫，使得中间身体露出的部分呈一个窄瘦的长条形为佳。

还有一种有腰带的长开衫款式，适合下半身丰满但是上半身比较瘦的人，可以将梨形身材修饰成H形，显瘦效果也很明显。但是这种款式不适合上半身丰满而髋部窄的人，会显得上重下轻，比例怪怪的。

不过我自己私下并不建议花很多钱投资长开衫，能穿的机会不多。毕竟真的冷起来，光是套件开衫也不够，而长长的一件开衫穿在外套里，层次感并不一定会很理想。如果你抵挡不住诱惑就是要买，那我也建议选择带点厚度的长开衫，垂感好会比较修身，那种薄薄的"粘在"身上的开衫，其修饰效果会差很多。

再说说中长款开衫。中长款比长款要实用，单穿不拖沓，穿在长大衣里面也很妥帖。而且对于髋部宽或者大腿粗的女生而言，能明显修饰身材。但是这个长度的开衫也有一个很突出的问题，就是这种说长不短的长度不显高，所以选择适合自己的长度就变得很重要。一般理想情况是：衣长刚好遮住胯部但不到臀线，如果能配双3—5cm跟的靴子就再好不过了。不过中长款开衫我反而不推荐厚款，会显得上半身过于厚重。比较推荐的是中等厚度，微松身的款式。

最后说说经典短开衫。早年深受 agnes.b 经典开衫的影响，我也买过一件，不能说不好看，但是细针织小圆领开衫始终有点像奶奶留下的"传家宝"，很考验搭配功力。所以说现在要买一件修身

短开衫的话，我推荐小V领。对比小圆领，肯定是小V领显瘦，这个不必多说。但是为什么推荐小V领而不是大V领呢？因为小V领不但可以当外套，还可以单穿，何乐而不为？至于这个小V领到底要多深，我觉得以正好不会走光为佳。

1. 开衫没太多花样，无论领子怎么变，有口袋没口袋，是长还是短，说到底要看露出身体部分的形状是不是显瘦的形状，H形和长条形是不会错的。

2. 略带蓬松感的开衫藏肉。

3. 对于以加冷暖为主要功能的开衫，建议选择不同的材质以迎合不同的温度需要。有厚有薄，才能应付各种天气情况。

4. 买开衫也得考虑整体造型的色彩混搭，要先分析内搭和外套的颜色，再来决定开衫的颜色，这样利用率才会高。

The
Secret
of Styling

下装

相对于上衣，
我觉得裤子的面料对型的影响要大得多。
一些过于薄透的面料很难箍出一个精神的裤形，
而一些过于厚硬的面料，则非常容易括起，
随着活动显得不那么贴合身形。

2

two

01

牛仔裤
版型大对决

现在谁的衣橱还没有好几条牛仔裤呢？但我身边还是有不少女伴依旧在为买不到"对的"那条牛仔裤而烦恼。毕竟牛仔裤这种每天都要穿的衣橱支柱，在买到称心如意的那一条之前是不可能收手的。说实话，买牛仔裤也真不是件容易的事。一会儿一个 Mom Jeans（妈妈牛仔裤）、Kick Flares（小喇叭牛仔裤）、 Cuffed Jeans（反折裤脚牛仔裤）⋯⋯大家只管拽新名词，让购买者以为这又是一条引领潮流的新裤子，其实按照基本裤型分类，牛仔裤从来也就这么几个款式。这些所谓的新款，无非就是在经典版的基础上略做加减法而已。

经典的牛仔裤版型一般有6类，分别是：

1. Skinny（紧身牛仔裤）：从腰部到小腿整体都完全紧身的牛仔裤。

2. Slim（修身牛仔裤）：宽松程度介于 Skinny 和 Straight 之间的牛仔裤。

3. Straight（直筒牛仔裤）：腰部到臀部相对合身，裤腿整体呈直筒形的牛仔裤。

4. Bootcut（靴型牛仔裤）：腰、臀部至大腿合身，小腿介于直筒和喇叭之间的牛仔裤。

5. Flare（喇叭裤）：一般而言臀部和大腿合身，小腿呈明显喇叭状。

6. Boyfriend（男版牛仔裤）：臀部和大腿松垮，整体裤型呈锥形。

而这六个版型通常会配合四种腰高：

1. Super High Rise（超高腰）：腰高10—11英寸。通俗地说，裤腰刚好卡在肚脐位置。

2. High Rise（高腰）：腰高9—10英寸。裤腰在肚脐以下1—2指宽的地方。

3. Mid Rise（中腰）：腰高8—9英寸。裤腰在肚脐以下2—3指宽的地方。

4. Low Rise（低腰）：腰高在7—8英寸。腰线正好卡在髋骨上方。

这种"6×4"的排列组合幻化成无数种牛仔裤，接下去我们还是按照大类来一一讨论，先说说利用率最高的Skinny（紧身牛仔裤）吧。

虽然我自己买过各种颜色的Skinny不下10条，但如果你问我最值得买的是哪个颜色？答案只有一个：黑色。穿上黑色Skinny，双腿就像两根笔挺的筷子坚定地插在地上，有极强的视觉冲击力，所以它又被称为"超模牛仔裤"（非但超模经常穿，普通人穿上也能有几分超模的感觉）。

超模穿低腰黑色skinny依旧难掩优越的比例，但我们普通人最好选高腰或者超高腰才显腿长。除了要买黑色高腰的skinny之外，在裤长方面，亚洲人最好选择及踝的长度，也就是Ankle Skinny（及踝紧身牛仔裤）。大部分亚洲女生买欧美品牌的全长牛仔裤，裤腿基本都会长出一大截。也难怪，牛仔裤模特一般身高都在一米八以上，她们穿起来刚刚好的长度，我们普通人穿起来简直连脚趾都找不到。而欧美品牌的及踝牛仔裤我们普通人穿起来一般刚好遮住脚踝。这个长度很灵活，既可以直接穿在靴子里，到了夏天随意卷两层裤脚，又可以配单鞋穿，稍稍露出一段脚踝，清凉又显高。

① 如果你已经有一条高腰黑色紧身牛仔裤，不用重复去买及踝款，找个裁缝花点钱改一下裤长就好。

② 紧身牛仔裤不适合以下腿形：小腿特别健壮；腿明显不直。如果你不幸中了一条，那也没关系，接着往下看。

　　Slim（修身牛仔裤）其实是很多女孩子能穿好的一类牛仔裤，可惜始终半温不火。相对于完全暴露腿部缺陷的紧身牛仔裤，修身牛仔裤既显瘦，又可以稍微遮掩腿部缺陷，尤其是腿细但不够直的女生，穿修身牛仔裤这个裤型效果惊人的好。不过修身牛仔裤被大家诟病的原因多半是因为整体裤型中规中矩，缺乏个性，所以在选择修身牛仔裤的时候要格外注重牛仔布的质地，颜色以及一些缝纫技术。带漂亮的明线，有赤耳或者"短一截"裤腿等细节，可以增添修身牛仔裤的"风味"。

　　如果你还是觉得修身牛仔裤太呆板，那我非常推荐 Straight （直筒牛仔裤）。直筒牛仔裤是我最近比较喜欢的款式，比纯阔腿裤要好搭配，风格上又比强势的紧身牛仔裤随性不少。无论是夏天配短上衣，还是秋冬配长外套都很好看。直筒牛仔裤几乎适合所有人。大腿粗，小腿壮或者腿不够直？完全没关系。穿上直筒裤，缺点全部掩盖。当然了，直筒牛仔裤整体风格还是偏复古，最好选深蓝色配合中高腰的设计。值得注意的是，这种直筒牛仔裤我不推荐购买"短一截"裤腿的款式，反而选择偏长的裤长自己反折起来会比较时髦。

　　再说说近几年非常红的 Flares（喇叭牛仔裤）。喇叭牛仔裤的前身其实是1800年左右流行的海军 Bell Bottom Jeans（也就是巨型喇叭裤）。后来这个款式有所收敛，在二十世纪六七十年代重新流行过一遍，就是现在意义上的喇叭牛仔裤，还是可以理解为喇叭裤。

　　最近非常流行的 Kick Flares（微喇牛仔裤）则是喇叭裤的一个分支，而 Ankle Kick Flare 就是指长度到脚踝的微喇牛仔裤，也是我觉得最实用的喇叭牛仔裤。这种及踝小喇叭裤在各方面平衡得不错，并不难搭配，尤其是搭配鞋子不受限，无论是平底还是高跟，低帮还是高帮都不在话下。而传统喇叭裤则需要内搭高跟鞋，走路不算很方便。不过能藏的下一双高跟鞋的传统喇叭裤可以显得腿极长，也真是叫人难以拒绝。

　　"好穿好搭配"的 Ankle Kick Flare 和"谁穿谁骄傲"的传统喇叭牛仔裤到底怎么选择？我觉得还是得看个人风格。我自己两条都收了，穿着频率前者要

高出很多，但回头率和询问度高的明
显是后者。一定要给一个建议的话，
只能说Ankle Kick Flare 适合买中腰
黑色的，而普通喇叭牛仔裤最经典的
款式还是蓝色，两侧各有一个小贴袋
的高腰款。唯一需要注意的是，裤腿
最好不要太喇叭，否则很难穿好看。

　　最后说说 Boyfriend Jeans（男
朋友款牛仔裤）。男朋友款牛仔裤正
面看非常帅，但是背面完全找不到臀
线，一般人太难穿好了。而且男朋友
款牛仔裤通常还是低腰的，这对腿
长有更高的要求，否则分分钟变五五
身。试想一下，一个大腿和臀部分不
清的五五身……那大概也只能靠颜值
和气质了。

如果你就是喜欢这种调调，那不妨尝试一下男朋友款牛仔裤的高腰版——Mom Jeans（妈妈款牛仔裤）。虽然也是臀部和大腿松松垮垮，整体呈锥形的设计，但是比男朋友款更容易穿好看。如果买不到满意的妈妈款牛仔裤，也可以买一条你喜欢的高腰直筒牛仔裤（High Rise Straight Jeans），臀围选大两码，束根皮带，把裤腿卷起来，效果和妈妈款牛仔裤基本一致。

① 虽然不停强调高腰好，但并不是越高越好。如果上半身比较丰满，超高腰的牛仔裤会显得有一种"胸直接搁在裤腰上"的感觉，从而在视觉上显得胸部严重下垂。这也是为什么很多女孩子穿超高腰牛仔裤的时候要穿"短一截"上衣露点腰出来的原因。

② 拼接、流苏、破洞这些牛仔裤上经常出现的细节元素，到底要不要选择完全看个人喜好。但是我觉得一条准备穿100年的基本款牛仔裤，还是不要带这些花哨玩意儿为妙。

two

02

寻找"复古蓝"：
淘古着牛仔裤秘籍

　　我最常穿的一条牛仔裤就是美国L牌古着牛仔裤。在 Vintage Jeans（古着牛仔裤）流行之前，我就发现很多美国中年妈妈的牛仔裤都特别好看，尤其是那抹蓝色，有种说不出的复古调调，可惜这种蓝色在现在的L牌里根本找不到。

　　有一天我在逛建材市场，又看见一个穿L牌的美国妈妈，推着推车在我面前经过无数遍，我终于鼓起勇气问她这么漂亮的牛仔裤在哪儿买的？她告诉我是她高中时代买的……不过这位好心的妈妈告诉我，或许我可以在跳蚤市场觅得一条二十世纪七八十年代产的L牌牛仔裤。有了目标之后，我翻遍各种二手网站，最终在纽约一家专门做 vintage 修复的店里找到了那条我梦想中的牛仔裤，它也有着让我魂牵梦萦的那抹蓝色！

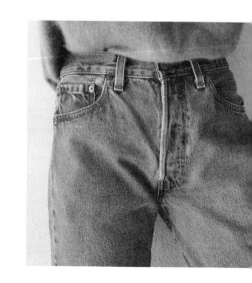

它保留了复古的纽扣门襟，修身偏直筒的裤型，而且经过重新剪裁之后，腰臀完全适合我的身形，不紧身也不松垮。一些恰到好处的磨损，更增添了几分嬉皮感。

不过找到这样一条适合自己的古着牛仔裤其实并不容易，首先**不能看标码**。听起来很奇怪，选尺码不看标码看什么？其实古着牛仔裤的尺码按照现在的标准而言是偏小的，况且很多裤子会被拆标，即便有标码，也有可能改动过尺寸（很多 L 牌的古着牛仔裤都是男裤改成女裤的）。所以在选码的时候一定要**看清楚平铺尺寸，以腰围和臀围作为标准来选择**。

另外，重新修改是古着牛仔裤的精髓。我们不能用现在牛仔裤哪儿哪儿都合身的要求去要求一条古着牛仔裤。可能你买到的臀围有些大，可能有时候腰围有些大，没关系，找个裁缝，大胆地按照你的身形重新改一遍。售价300美金的 Re/Done 就是这么干的。

最后，学会辨别真假很重要。经常会听说从跳蚤市场花10美金买到一条L牌古着牛仔裤的"都市传说"，但这种好事现在基本不可能发生了。要知道一条品

相好的L牌牛仔裤现在抢都抢不到，而假货倒是大量混入所谓的跳蚤市场。我的
建议就是，去靠谱的二手店购买。

　　如果你打算网购，那么我还要给出两点小建议。

小贴士

① 看到的颜色不等于买到的。牛仔蓝是一个极难拍精准的颜色，有些网站拍得
很专业，没有色差，但是大部分二手网站都是业余摄影师拍摄的，难免有点不
准。你看到的街拍，大部分也是经过调色或者滤镜化处理，和实物也不一样。网
购的话建议问卖家多要些不同光线下的照片作为判断依据。
② 仔细观察磨损部分。一般而言，口袋或者膝盖有点磨损只会增加"风味"。
但如果裆部，或者臀部连接口袋处有洞，那即便自己拼贴修补也有些奇怪。另
外，五金件最好齐全且不生锈，否则品相也不能算好。

2
two

03

办公室的
五条完美裤装

个人觉得衣橱里最难买的单品就属裤装了。我也曾是青春期胖到过118斤的人（牛仔裤穿29码），对那时候的我而言，买裤子绝对是梦魇。那么现在只有96斤的我就可以随便买到适合的裤子了吗？事情并没有那么简单。不过好消息是，如果说衣橱里有一项单品的购置是可以被公式化的，那我觉得就是裤装了。

CELINE 的前创意设计总监菲比·费罗（Phoebe Philo）早在2010年就推出过一个叫"五条完美裤装"的胶囊系列（Five Perfect Trousers Capsule），声称一个普通职业女性只要拥有这五条裤子就能应付所有日常搭配。我觉得 CELINE 选出的五条裤装非常具有代表，在此基础上，我结合了一般职场女性的工作场景，总结出适合亚洲办公室的五条完美裤装。

▊▊▊ **1 黑色九分直筒裤**

首先必须来一条黑色九分直筒裤，这是一条最基本的工作裤，也是你摆脱"老干部造型"最简单的一步。可以选择中腰或者略低腰的设计，两侧有口袋，整体裤型必须简洁、干净、并且偏窄。由于整体线条流畅，不会显得腿短，反而露出的纤细脚踝，显瘦之余还能透出一点女性特质。我觉得这种裤子只对脚踝特别粗的人不够友好，基本不挑人。

▊▊▊ **2 黑色烟管裤**

烟管裤是略带锥形、偏修身的长裤，推荐中腰并搭配偏长的裤长，最好能配带跟的鞋子，会看起来更潇洒干练。相对于中规中矩的九分直筒裤，这个裤型更百变一些，在办公室穿不会太夸张，下了班换一件稍微华丽些的上衣就能去约会或者派对。

▌█ 3 男士剪裁的直筒裤

相对于腰臀部收紧的女士直筒裤，从男装获得灵感的男士剪裁直筒裤的腰臀到裤腿都偏直筒，大方帅气，也能有效拉腿长。相对于阔腿裤，这种裤型更收敛，介于直筒和微阔之间，既掩盖了腿形的不足，又比阔腿裤修身。建议选配女性化特质稍强的上衣或者首饰，否则可能会有些"老干部气质"。

▌█ 4 藏蓝色九分锥形裤

虽然黑色的裤子在办公室永远是主流，但是出于配色考量，我觉得藏蓝或深蓝的裤子也最好备一条。藏蓝色九分锥形裤是一种中高腰，腰部收紧，臀部和大腿处宽松，之后裤腿渐收的锥形裤。因为整体性看起来偏休闲，所以最好选择比较挺括的面料，一来是提升正式度，二来塑形效果比较好。这类裤子看似不强

调身材，实际上却很藏肉，也能给穿着者带来一种恬淡的气质。我经常在秋冬用
这条裤子搭配各式颜色温柔的针织衫。

▰▰5 米白色高腰阔腿裤

　　米白色高腰阔腿裤配浅色西装在办公室穿起来既有气度又不强势刻板，让
我想起了凯特·布兰切特。然而换上休闲的上衣和草编鞋，就能立刻切换成度
假风。

　　但是记住，裤腿越阔就显得下半身越方。这种带点喇叭的阔腿裤最好内搭
高跟鞋，通过"高腰+垫腿"戏剧化地拉长腿部线条。我知道很多人又要问了：
我腿粗，真能穿白色吗？我觉得白色肯定不如黑色显瘦，但裤型和线条才是最直
观的，不必屏蔽白色。不会所有人都是极端身材，中庸的身材其实占大多数。同
样类型的裤子，版型适合，穿了就好看。穿得不好看也多半是因为设计有问题，
不代表这类裤子都不能碰。

小贴士

① 对自己身材的判断要尽可能客观。这种客观带来的好处是，你能够把握自己适合的一个准确区间。很多人其实并没有很胖，也没有很矮，但是总是将自己归为"矮胖身材"，这样便盲目错失了不少自己原本可以穿好的裤子。

② 肯定是腿越细长穿裤子越好看。腿长看似是先天的，但我也见过很多因为腿粗才显得腿短的例子，健身之后其实都是线条感很好的大长腿，所以后天的努力也很重要，适当的塑形健身可以使腿部变得更好看。

③ 显腿细长的裤子也不永远等于时髦。有些裤子就是不怎么显腿细长的，但是看起来很时髦。怎样在"尽显好身材"和"轻松有风格"之间取舍，看你自己。我个人觉得无所谓，只要好看，"秀腿长"不是永远排第一的。况且在办公室，还是职业气息和整体气质比身材重要得多。

④ 有条件的话，买裤子的时候一定要试。虽然部分剪裁和细节可以通过图片看到，但不穿上永远无法知道它在你身上到底对不对味。

2
two
04

生活中离不开的
三条休闲裤

之前提到的五条办公室完美裤装加上牛仔裤，其实已经可以覆盖大部分的裤装需求了。但我自己很喜欢穿裤装，也经常会以裤装为主来搭配整体造型，再补充三条我自己最常穿的休闲裤吧。

◼◼◼ 卡其裤

虽说现在卡其裤指的是一种休闲裤，但它最早其实是军队制服。卡其（Khaki）这个单词源自印度斯坦语"Khak"，意思是"蒙尘的，土色的"。最早的卡其色是用茶叶进行染色的，后来英军使用这种颜色作为制服，这个颜色的裤子就被称为卡其裤了。

关于卡其色的定义说来十分有趣，浅卡其是接近土黄的颜色，而卡其是一种偏咖啡的驼色，深卡其则是在卡其的基础上偏橄榄绿。个人觉得标准的卡其色（也就是偏驼色的）会比较百搭。

我有一条卡其裤颜色做得非常准，这种沉稳的卡其色不会使整体搭配看起来太沉闷，也不会显得头重脚轻，而浅卡其则有些"压不住"之嫌。这条卡其裤

几乎能和我衣橱所有衣服搭配，一旦当我穿上黑裤子或者牛仔裤感觉不太对的时候，换成这条卡其裤基本都能搞定。

▎2 背带裤

　　这里说的背带裤指的是带有可脱卸背带的背带裤，不是那种"育儿袋"式的设计。关于这种背带，英国人喜欢叫suspenders，而美国人会叫 braces，但是没关系，反正是同样的东西。背带在男生衣橱可能是必备，但是在女生衣橱很少受到重视，不过这也是能够带来些许工装感的妙物。

　　市面上有两种背带，一种是扣眼型，需要裤子带有适合背带的扣子。我自己这条黑色背带裤就是扣眼型。另一种是夹子的，对裤子没有什么要求，只要夹上就能将任何裤子变成背带裤。个人觉得前者比较复古，但后者的确更实用。我也买过带夹子的背带，来自一个意大利专业皮具品牌，他家的夹子质量非常好，而做工粗糙的夹子可能根本夹不紧，甚至会崩裂，这是大家在选择的时候需要注意的地方。

　　对于女性气质浓厚的人而言，适当地在造型中融入一些硬朗的元素非但能给自己带来一些"反差萌"，也能巧妙地将本身的女性特质衬托得更为独特。

▰▰**3** 英国陆军短裤

我知道很多女孩子在夏天喜欢穿热裤，不过我个人更喜欢穿中裤，觉得更自在。我定义的中裤长度在大腿根部以下，膝盖以上。这个位置的中裤不会显得过于"中年大叔范儿"，某些裤型反而有些少女混合假小子（Tomboy）的调调。夏天我最喜欢穿的一条中裤就是 Gurkha Shorts（也称为英国陆军短裤）。

看名字也能猜到这种短裤也是源于英军的军装。二战时期，印度英军为了凉快又不失绅士派头，发明了这种功能性裤装。其特点是高腰，并带有调节松紧的布腰带，大腿根部带褶，裤腿宽松但整体比较利落。

我个人喜欢用它搭配本白色的麻制衬衫，并配一顶巴拿马草帽，就是一个清凉又经典的夏季造型。有时候也会在微冷的季节搭配针织衫和贝雷帽。

裤装的
危险细节

聊了那么多裤装，我仍旧无法告诉大家什么体形一定适合什么裤子。即便你的体形符合某种标准，依旧会遇上各式各样的问题，因为现在的裤子五花八门，没有固定形态。我唯一能做的就是告诉大家需要注意的细节，帮助大家在买裤子的时候避雷。

▰▰▰ 面料很重要

相对于上衣，我觉得裤子的面料对型的影响要大得多。一些过于薄透的面料很难"箍"出一个精神的裤型，而一些过于厚硬的面料，则非常容易"括起"，随着活动显得不那么贴合身形。一般夏天买裤子比秋冬更难一些：又要面料轻薄透气，又不能显内裤印，还要有点质感，真的不容易。

考虑到舒适度，我自己很少购买全化纤的裤子。虽然很多化纤面料非常巧妙，触感丝滑、薄而不透并且根本不需要熨烫，可透气性比不过天然面料，而且化纤面料普遍都挺脆弱的，韧性不足，又不耐磨，要是穿着穿着裤子破了真的非常尴尬。另外绸面或者亮面的裤子我也不太会买，膨胀感极强，可以说是谁穿谁胖。

■■2 并非越高腰越美丽

我知道高腰的裤子有一种魔力，感觉腰高一尺，腿长一丈。可惜对于上半身丰满的人而言，过高的腰身虽然显腿长，但伴随的副作用是，这样会压缩腰部空间，在视觉上呈现一种胸直接搁在胯上的感觉，显得胸部很垂。而有些高腰设计完全掩盖了腰部到臀部的过渡，从侧面看会有一种腰很长，而臀部却很塌的错觉。这也是为什么低腰裤在2000年左右也狠狠流行过一把，因为显得臀部很翘。

既然不能放弃腿长，也要注重各种细节处的比例，那么综合分析下来，普通身材选择略高腰的设计（前裆长度在25cm左右）能够使整体比例变得最和谐。能在裤腿里加上一双高跟鞋话，比例会看起来更好。

■■3 口袋的设计很重要

一般而言，暗袋不容易踩雷（反正就是一条缝）；而明袋，各有各的问题。首先，裤腿两侧有袋盖的裤子我觉得最好不要碰，容易显宽。臀部口袋太大、左右口袋分得开、口袋位置低的裤子，相应会显臀部平、臀部形状分散，以及臀线下坠，总之不是安全牌。另外，特别长的袋子会和腿长形成对比，在视觉上减腿长，显矮。所以如果你买的裤子有明袋，那么选择小而集中，位置偏高并且紧贴身体的设计会比较不容易出错。

⬛⬛⬛ 危险的细节们

一些裤子为了设计感会加入看似时髦无害的细节，比如：纽扣、荷叶边、褶子、宽腰带…… 这其中的雷区也真的不少。首先，一些水手裤在腰间有夸张的纽扣设计，这种设计会过分强调髋部的宽度，对髋部本来比较宽的人极度不友好。而在大腿根部有褶皱的裤子，也很容易随着褶皱的撑开程度，暴露腿的粗细。带荷叶边的弊病大家随便想想就知道了，一条显瘦的裤子是不能有"展开"的设计的，收敛感才最重要。如果身材最大的弱点在于腰粗，那绝对不要尝试强调腰部的设计，比如宽腰带。不动声色却有效的化解方式是选择在剪裁上修饰腰臀的裤子，让上半身和下半身流畅过渡。

■■■5 裤缝线的作用

大家会发现很多裤腿的正反面中间有一根线，有时候是烫出来的假裤缝线，但有一些比较考究的裤子是做了一条这样的立体裤缝。这种裤缝线的设计，非但在视觉上能拉长腿部，显得腿直，还能使裤筒尽可能立体，避免往两侧扁扁地撑开。尤其针对阔腿裤，这样的中线设计显得尤为重要。我自己买的两条阔腿裤都是带裤缝线的设计，使得原本容易显宽的裤腿变得比较"收敛"。

▰▰▰ ❻ 合适的臀围

相对于腰围，我觉得合适的臀围更重要。过紧的臀围会呈现出各种难看的褶皱（比如Y字）；过松的臀围非但显得臀部肥大松弛，也会因为模糊了臀线而显得腿短。况且国内有不少女性腰细但是臀围不小，我还是建议根据臀围来选择裤子。腰围大的话可以用腰带，实在不行拿去裁缝那儿改一下也很简单。

▰▰▰ ❼ 门襟的选择

现在的裤子一般有这几种门襟设计：拉链门襟、纽扣门襟、拉链暗门襟、弹力或者抽绳。

拉链门襟是最常见的一种，也是最安全的。纽扣门襟常用于牛仔裤上，我自己挺喜欢的，服帖且复古。位于侧面的拉链暗门襟以前经常用于瑜伽裤之类的运动裤上，现在越来越多的正装裤也会使用这种拉链暗门襟，但我个人不太喜欢，觉得拉链暗门襟和正装裤型的结合不太契合。弹力和抽绳的设计一般用于休闲裤，特别方便。一些弹力腰头会配上假门襟，增添一点正式感，也是不错的选择。

2
two
06

一条半裙的
经典轮廓

　　说实话，半裙在我眼里算不得衣橱基本款。半裙的裙腰分割了上下半身的比例，而裙长又再次分割了下半身的比例，搭配难度较大。同时根据裙长的不同，会有不同程度暴露腿部缺陷的风险。但半裙也有优势，尤其在调节身材比例以及塑造整体轮廓方面，比裤装和连衣裙更胜一筹。

　　首先，考虑到腰部到裆部的衔接，裤子的高腰是有极限的，而半裙则灵活很多，且不容易暴露真实的臀线，非常适合腰长腿短的人用来拉长下半身比例；其次，裙长最好能遮掩腿部主要缺陷。我身边不少腿弯或者腿粗的姑娘都会选择偏长的半裙来遮盖腿部问题。所以说半裙宜长不宜短，长的话可以叫裁缝帮着裁短到适合的长度，而短一截则无计可施。

　　不过裙子也不是越长越好，一条拥有经典轮廓的半裙必须结合长度和裙型一起讨论。最基本的裙型有七种，分别是：百褶裙、A字裙、铅笔裙、迷你裙、裹身裙、鱼尾裙和伞裙。平日里最方便穿搭的肯定是前五种，先重点来讨论一下这五种半裙的经典轮廓应该长成什么样。

■■■1 百褶裙

　　无论是 Pleats Please 系列的细褶皱百褶裙还是苏格兰式的羊毛大百褶裙（Kilt），都属于比较友好的款式，褶皱带来的轻微蓬度恰到好处地遮盖了臀部和大腿的缺陷，同时也带来一些生动的气息。面料透软的细百褶裙适合配偏长的裙长，能带来一些垂坠感，显得整个下半身修长。面料偏硬挺的百褶裙则最好选中长款或短款，否则整个下半身会显得太沉重，不够轻盈。

■■■2 A字裙

　　A字裙是长不得的，以不超过膝盖下方二指宽为标准。过长的A字裙会在下半身形成一个大而平面的梯形，使重心下移，真的不是普通人能穿好看的。关于裙摆的开合度，我偏向于小A字裙，这样能够维持下半身整体偏收敛的轮廓。A字裙自带一些学院或者淑女气息，和带有一些传统格纹图案的面料结合在一起很是妥帖。

■3 铅笔裙

和A字裙恰恰相反，铅笔裙最好过膝。过膝又偏修身的高腰铅笔裙可以有效拉长腿部，收紧臀部两侧赘肉，并适当凸显腰臀S线，优化比例和曲线。不过也有人会担心铅笔裙显得过于刻板，我的建议是：**越是严肃的款式，越是可以选择比较休闲的面料。**我有一条深蓝色牛仔铅笔裙，味道非常独特。麻制的过膝铅笔裙往往也有很不错的效果，尤其是麻料的肌理感会弱化铅笔裙的"行政感"。为了进一步削弱铅笔裙刻板的感觉，我会搭配比较休闲的上衣。

■■■④ 迷你裙

迷你裙总给人一种少女感，这中间其实是有道理的。发育中的少女总是腿骨先发育，所以少女们总是显得腿超长。待身高慢慢稳定以后，腿长优势就不那么明显了。随着年纪渐长，新陈代谢减缓，运动少了，赘肉也长出来了，难怪回不去"迷你裙时代"了。

如果你还是少女一名，尽情地穿迷你裙吧，这是属于你的黄金时代！如果你已经过了25岁，但腿依旧又长又直，腿部线条优美紧致，并且膝盖保养得得当，那还是可以穿迷你裙的，否则还是不要把整条腿赤裸裸地露出来。当然如果你觉得"我有自信不在乎"，那也无所谓，敞着，凉快！

■■■⑤ 裹身裙

裹身裙是一种一片式的半裙，一般都是绕着腰围一圈，用纽扣、拉链或者绳子固定。这种半裙自带一种慵懒的女人味，最适合梨形身材。由于裹身裙一般都用轻薄的面料制成，整个裙型也比较贴身，所以无论什么长度都可以。我个人偏好刚巧遮住腿肚的长度，露出一截细长的小腿，含蓄又不失风情。

■■■⑥ 鱼尾裙

经典鱼尾裙是一种我觉得很难穿好看的半裙类型，因为它过分强调"S"曲线，整个型过于戏剧化。大腿两侧赘肉多、屁股平的身形最好不要碰它。要穿好这种鱼尾裙一定要正面髋骨处收敛，侧面臀部立体才行。不过现在有些改良版鱼尾裙，髋部微微收窄（类似铅笔裙），而下摆微微张开，将夸张的"S"曲线弱化成一种微妙的弧度，个人觉得很好穿。

■■■7 伞裙

伞裙，顾名思义就是伞状裙摆，有时腰间会带些褶子使裙型更柔和。对于人高、腿长，尤其是小腿纤细的人而言，膝盖附近长度的大伞摆伞裙有一种二十世纪五六十年代优雅感，但大部分人还是最好选择小伞摆，整体轮廓好似一把收拢的伞，才能显得下半身修长。面料方面，太过于柔软的面料撑不起伞裙的轮廓，而太硬挺的面料又会显得下半身有膨胀感，所以购买时对面料的软硬要好好把握，那些有筋骨却不僵硬的面料是上选。不过无论什么类型的伞裙，对梨形身材，或者腰不够纤细的人都不算友好。不过即便是能穿好看的伞裙，我也不是很有购买欲，总觉得在日常穿着太戏剧化了，不够轻松。当然这只是我个人的想法，仅供参考。

2

two

什么材质的
半裙穿起来
最"友好"？

半裙的材质是否友好，好像是大家最容易忽略的。很多人看到媒体推荐"今年夏天必备真丝半裙""秋冬超酷小皮裙"之类，就一心一意找同款，完全忘记这个面料到底适不适合自己，有没有实穿性。虽然材质肯定要和款式结合来看，但还是有些基本规律可循。接下去就从最不友好的开始说起吧。

1 光面真丝等轻薄贴身的面料

光面真丝，或者轻薄贴身的面料配合松身飘逸的半裙设计其实并不会很难穿，但如果和比较修身的款式相结合就不是很理想了：前面显小肚子，后面显内裤印。而且由于面料轻薄，也很难在里面穿束身衣来修饰身形或者防走光。

还有一个最明显的问题就是，真丝材质的半裙真的非常容易皱！基本上只要坐下超过5分钟，前面后面都会出现很明显的褶皱。

这类裙子看起来一万个美好，又仙又气质，但真的不容易穿好看。如果你已经买了，也不是没有弥补的方式：① 可以找裁缝加个薄衬，这样没有那么容易显露痕迹；② 叠穿一件能够半遮臀部的长上装，能遮掉一点是一点。

■■2 真皮或仿皮材质

皮革材质一般都会做成修身款半裙，但这也是凸显小腹的一把好手。和上面说到的真丝材质一样，上衣要够长，以能够遮掉明显凸出的小腹为妙。

■■3 柔软的细针织

针织一般也会做成比较修身的款式。它的问题在于，太薄的针织依旧难逃显小腹和显内裤痕迹的命运，所以我一般都会选择稍微厚实些的针织半裙。

但是网购的话很难判断准确，因为很多模特拍照的时候会穿丁字内裤，看起来不露痕迹，其实未必是厚薄合适的缘故。一条好看且厚薄刚好的针织半裙是很难遇上的，一旦遇上就要抓住。

说完面料的雷区，接下来聊聊我个人觉得比较不容易踩雷的面料。秋冬首推毛料等较为硬挺的面料，这种类型的面料一般都自带较强的塑型功能，遇上修身款也不怕；春夏的话，选牛津、卡其、亚麻等中等厚度、中等弹性、中等软硬度的面料是很难出错的，它们既透气，又带有一定垂度和塑形效果，最适合用来制成半裙了。另外，虽然我不太推荐买化纤的裤装，但是考虑到半裙本身穿起来就比裤装要透气，所以化纤的半裙我倒是会买，穿着时不易皱，日常也比较好打理。化纤面料并非无可取之处，天然面料也未必总是适宜的，怎么选还是要看具体情况。

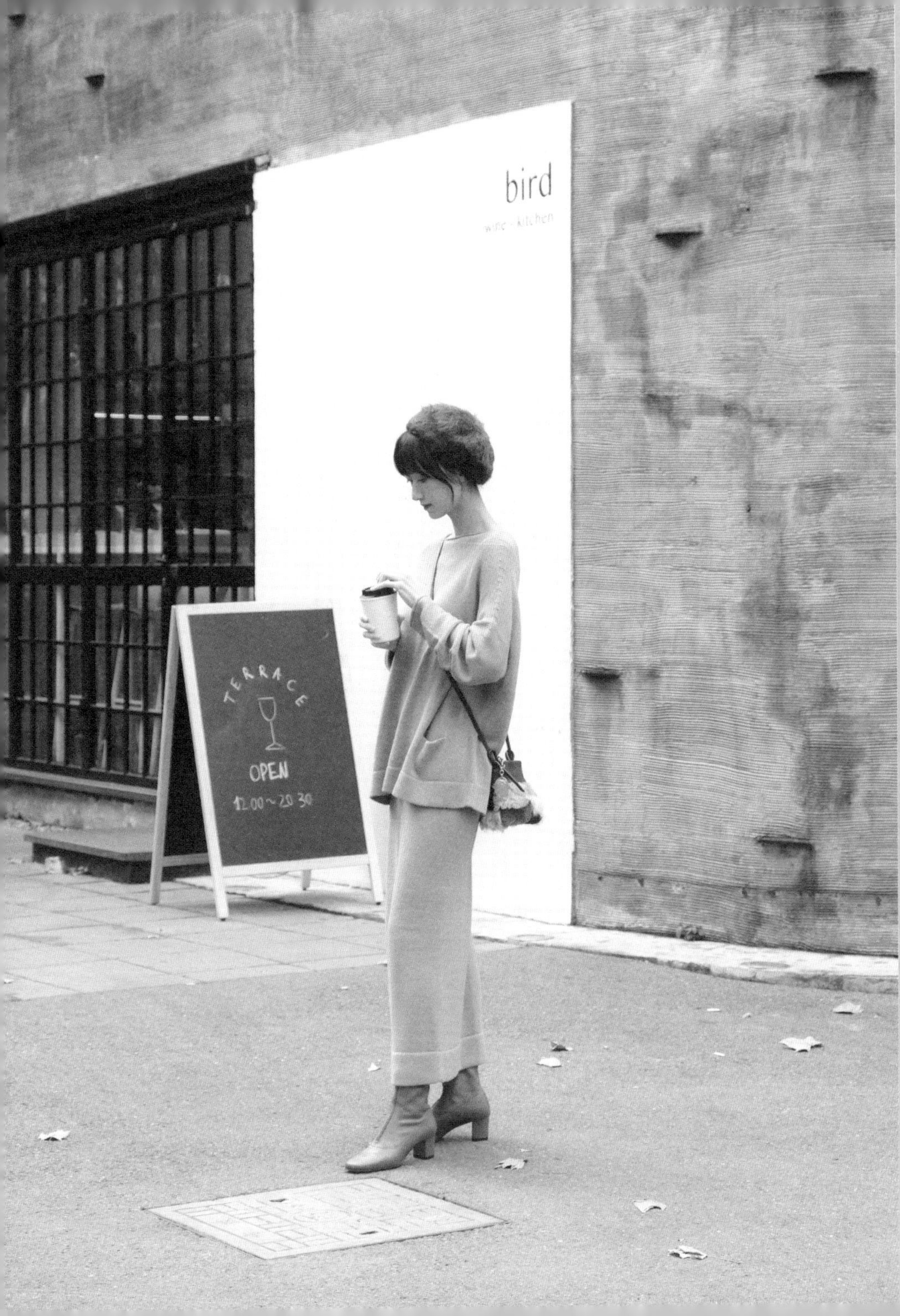
bird
TERRACE
OPEN
12:00~20:30

The
Secret
of Styling

连衣

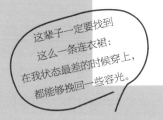

这辈子一定要找到
这么一条连衣裙：
在我状态最差的时候穿上，
都能够挽回一些容光。

3

Three

01

哪条连衣裙才是
"安全牌"？

很多人看到这个问题，仿佛是条件反射一般，脑中即刻出现一个答案：小黑裙（LBD: Little Black Dress）。如果你要问为什么，99%的人会回答：因为它是百年来女性衣橱的必备单品。

在讨论现代女性是不是非得有一条 LBD 之前，我们需要对 LBD 进行定义：不是任何黑色连衣裙都叫 LBD，LBD 指的是最早由香奈儿女士设计的一种式样简洁的黑色短款连衣裙。在当年欧洲大萧条的时代背景之下，LBD 的流行其实主要是因为它经济实惠，加上香奈儿女士是一个极度会推销自身理念的人，大部分人都买得起的 LBD 的确成了当年女性衣橱的必备。

但随着现代人生活方式的改变，穿黑裙已不再是前卫的标志，而越来越宽松的着装规范（dress code）也"压缩"了 LBD 的舞台。当 LBD 褪去光环之后，我们反倒可以相对客观地来讨论到底要不要买它了。如果你经常要出席特别正式的场合，并且很适合穿黑色的话，自然是可以买的。一条 LBD 最重要的无非就是剪裁合身，在面料上能够有低调精致的细节时更好。我自己买到过一条比较满意的 LBD，不过平时无论怎么穿都还是觉得有点太严肃，所以它的标配场合最终变成了……白事。当然，我不是说 LBD 不是一张"安全牌"，只是它并不是我的那一张。

如果要问哪条裙子在我心中是"安全牌"，我大概会选衬衫裙吧。虽说没有一条裙子会绝对适合所有人，但衬衫裙对大部分人而言还是非常友好的。当然了，衬衫裙也有很多不同的设计，从领口、面料、颜色到裙摆……这些元素是在选择衬衫裙时需要重点关注的。

我个人并不是很喜欢正式感太强的衬衫裙。在正式场合穿着，它不如裤装配衬衫那样专业；在休闲场合穿着又显得太刻板，故这类衬衫裙很少能够穿对味。挺括、修身、纯色的衬衫裙就属于正式度比较高的那类，建议避免。由此可以反推出，面料柔软或者拥有肌理、非纯色、非修身这几个元素只要符合一项，就没有那么正式了，符合的项数越多则越休闲。

我自己买过不少衬衫裙，最喜欢的有两条。一条是剪裁宽松的灰白条纹中袖衬衫裙，它的领子有点像男士睡衣。第一颗纽扣的位置显得上半身比例很好。裙子微呈伞摆，但由于面料相对柔软，所以不会显得太膨胀。两侧有侧暗袋，有

时候穿它拍照不会摆动作就会把手插在口袋里，显得自然些。偏长的长度刚好遮
住小腿肚露出脚踝。一般我会配休闲鞋，比如帆布鞋或者低跟草编底凉鞋。天冷
的时候在外面套一件针织毛衣，穿上皮鞋，出入一般的工作场所、学校或者是约
会，都是可以的。

另外一条是白色棉布连衣裙，领口设计和上一件类同，面料处理得更柔软，还带有一些镂空钩花，这就使得一件连衣裙有了一些透明度和细节，而非一大片煞白的，好似移动人形反光板。

我个人很喜欢这种戗驳领衬衫裙，因为它会在胸口留出一个V字空白，比较显瘦。但假设肩膀特别窄或者特别削的话，可能还是无领衬衫裙会更适合，因为它淡化了领子边缘到肩线的位置，甚至可以选择微微带些泡泡袖的无领衬衫裙，撑一点肩宽出来，头肩比也会变得更棒。另外腰带的位置是很重要的，尽可能处于高腰的位置，会显得腿比较长。如果腰不够细不希望被腰带强调的话，那就需要找无腰带且微微收腰的衬衫裙。如果你买的衬衫裙最后一粒扣子离裙摆边缘很近，可以解开一到两颗（以不走光为准），既方便走路，又会透出一点点随意感。

3

Three

02

那条随意套上
就能发光的连衣裙

　　以前看过一部蕾切尔·薇姿主演的电影，叫《蔚蓝深海》，她所扮演的角色名叫赫斯特，剧中的恋人叫弗雷迪。整部电影讲的是什么就不详细展开了，感兴趣的话可以自己看看，只提其中相关的一幕：赫斯特和弗雷迪大吵一架，后者愤怒离家，而精神恍惚的赫斯特一边哭喊着"弗雷迪！回来！求求你回来！"，一边急切地从沙发上扯了一件连衣裙抖抖索索地穿上，踉跄地奔出去追赶恋人⋯⋯

　　即便这可能是一个女人一辈子最狼狈的瞬间，但在穿上那条连衣裙后，我还是觉得她美到叫人心碎。这是一条侧扣裹身裙，因为胸前交叉的V领设计，显得身材非常窈窕。当时我就在想，这辈子一定要找到这么一条连衣裙，在我状态最差的时候穿上，都能够挽回一些容光。

　　当然，要找到一条类似电影中的连衣裙很难，因为这部电影的时代背景是二战之后，其服装相应地反映了英国20世纪40年代末至50年代初的风尚，而这样一条裙子和现代设计师的理念相距甚远。在寻寻觅觅了可能有六七年之后，我终于找到了这样一条简简单单穿上就会发光的连衣裙！它来自一个法国品牌，

其设计团队的理念就是要做出那种只有在法国小镇的二手衣店才能找到的复古女装。我买的那条和电影里的结构差不多，也是斜襟裹身裙，胸口是交叉的V领，在腰间配有细细的带子可以调节腰身。站定的时候，它是一条长度到小腿的优雅连衣裙，但走动起来，裙摆会微微打开，隐约露出膝盖。好几次穿着这条连衣裙走在街上，都有女士前来询问，且年龄差异巨大，姑且就当它是一条人见人爱的连衣裙好了。有时候一件衣服挂在橱窗未必见得有多动人，但穿在你身上，可能就会发光。在我们纠结于"今年最流行的×××""每个女孩不能没有×××""衣橱必备的×××"之时，不妨想一想是谁定义了它们，而这个定义是不是真的和你有关。或许那条全世界你穿起来最美的连衣裙，永远不会出现在那些榜单里。

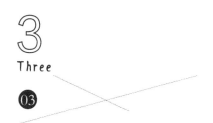

3
Three
03

印花连衣裙
的印花怎么选？

我知道很多人是根本不敢碰印花元素的，一来是选择印花的时候就特别晕，少看几件似乎还分得清美丑，看多了反而不知道该选哪件；二来搭配时又不知怎样才和谐，更别提印花叠穿了。不过在或失败或成功的购物经历中，我还是总结了一些挑选印花的经验，在此分享给大家。

现在就先来解决第一个问题：什么样的印花设计是过关的？大家可能会发现同样是印花连衣裙，有些看起来特别呆板，有些则看起来生动浪漫。虽说什么样的印花是美的，大家的喜好众口难调，但怎样是一个过关的设计，还是可以根据印花的设计元素进行分析的。通俗地来讲，我觉得一件"过关"的印花连衣裙的印花应该具备以下几个特点。

▌1 印花的设计具有变化感

不少仔细看过波提切利名画《维纳斯诞生》的人，都曾被维纳斯右方春之女神的华服所吸引。无论是胭脂红底色的印花织锦毯还是女神自己所穿的浅色衣裙，都可以直观地发现：上面的印花很美。但，有没有想过为什么？

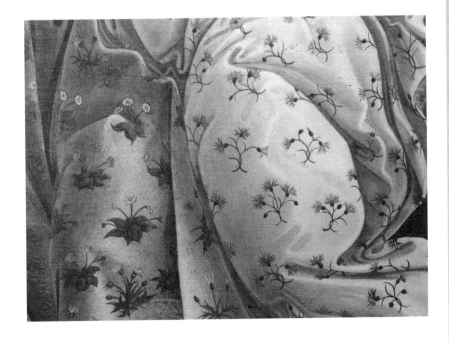

　　如果每一朵花都被不动脑筋地复制100遍并使其遍布全身，那么它是否还会那么美？带着这个问题再看看这幅画的局部细节，你就会恍然发现，原来这看似相同的小碎花，每一朵都是不同的。这就是我说的，好的印花需要具有变化感。当然，未必一朵重复的花都不能有，如果排布得当，也是能够加分的。这也引出了下面的第二点。

■ 2 印花的排布具有节奏美感

　　除了印花元素设计得好，排布也是一门艺术。有些排布杂乱无章毫无艺术感可言，有些排布则疏密有致，甚至带有一种节奏感。虽然看客只觉得舒服，但设计功力却正藏在这"舒服"二字的背后。这么说或许有些抽象，不如看看图片，你觉得哪一个印花更显功力？

3 印花的色彩具有微妙的过渡

　　并不是说所有好看的印花都要有微妙的色彩过渡，有些符合上述两点的印花只要设计得好看，即便是大反差也会有不俗的效果。但一些具有色彩过渡的印花其实可以在不牺牲对比度的前提下，通过增强不同颜色之间的呼应，使得印花更耐看。还是举一个例子，可以发现下图远看就是一件黑底白花连衣裙，简洁，鲜明，细看其实白花中带有不同深浅的蓝色作为过渡，很是精妙。

　　最后解决一个实用问题：什么样的印花比较好穿？我觉得拥有以下三个特点的印花是比较易穿易搭配的：① **大地系配色**；② **相对简洁的花纹设计**；③ **相对抽象的花纹设计**。尤其是第3点，简直屡试不爽。明晰而复杂或者高饱和色的印花真的对搭配要求很高，而大地色系抽象花纹的印花单品即便是和其他印花单品穿在一起也不会觉得太乱，反而自带一种韵律感。我自己也有一条抽象印花的连衣裙，日常穿着率非常高。

3

Three

04

一件足以
应对各种场合
的礼服

很多女孩子给我留言，问，参加婚礼穿什么礼服？去高级餐厅穿什么礼服？参加公司年会穿什么礼服？……而我现在的回答一律是：根本不需要刻意穿礼服。虽然，以前的我和大家一样，也憧憬过穿礼服的时刻。

人生中除了婚礼晚宴服之外，我买过的唯一一条礼服来自 Olivier Theyskens x Theory。当时刚工作，曾参加过几场对职场新人而言颇为梦幻的活动。在喝着香槟从外滩高楼俯瞰黄浦江江景的时候，也对未来生活产生过各式幻想：唉，这怕不是就是我今后人生的常态了吧？那可必须得给自己添置些华丽的晚礼服啦！

偶尔一个机会，我看到一个视频，视频

里的模特在展示一条比利时设计师 Olivier Theyskens 新制的礼服裙。这条裙子静止时很像名画 Portrait of Madame X（《X夫人肖像》）中的那件。但动起来，则仿佛由千万片带着细碎光泽的黑羽交叠而成，衬得人高马大的模特都分外摇曳生姿、灵动轻盈。在反复观看这段视频不知多少遍后，我当然还是买下了。然后你猜，我穿过几回？算来这条裙子是我二十出头买的，放在防尘袋中细心保护，直到三十岁生日的那天，方才硬找了个机会穿了一回。

　　而今时今日，我可能不会再为任何看起来高级奢华的场合做正儿八经的礼服打扮了。想想我喜欢的英国女星西耶娜·米勒（Sienna Miller）出席 Met Gala（纽约大都会艺术博物馆慈善舞会）这样争奇斗艳的场合，也不过是套头毛衣加上一条淡金色半裙罢了。

　　不过我倒是买过一条中国设计师品牌的 cheongsam（长衫）。其实长衫就是旗袍在香港地区特有的俗称，据传早些时候女学生间流行穿男士长衫，逐渐就发展成了旗袍。

　　买下这件旗袍无非是喜欢，想留着作为收藏的，没想到穿着的机会倒比我想

象中多。无论是在海外参加晚宴派对，还是回国参加婚礼或一些较为正式的场合，都显得低调妥帖。而且这件旗袍是真丝料子，加上中袖设计，夏季穿不觉得太热，秋冬时裹一件厚外套，等钻到室内倒也不觉得太冷。不似一些吊带礼服，即便在冬季有暖气的室内穿着，也总透着些强出头的感觉。如此一来，这件新中式旗袍倒意外变成了我衣橱里那件足以应对各种场合的礼服了。

旗袍可作为礼服也不是我凭空想出来的。在民国时期，当时的政府就曾将旗袍定为中国女性在正式场合穿的礼服。这一概念虽是一个短暂时代的产物，却在国际上产生了极深远的影响。直到现在，无论国人对哪种服装才能代表中国人如何争论不休，从国际视角来看，一个穿旗袍的女人立刻会让人想到中国，这是事实。

可惜一件符合我审美的旗袍不好找，尤其是改良旗袍，到底是改良还是糟蹋，这可难说了。我对于模仿民国大小姐这种"cosplay 活动"没什么兴趣，对旗袍究竟是不是符合老上海标准也并不是很在乎，毕竟老上海的旗袍也是三年大变样，没个统一标准，**但无论怎么改动，一些最动人的特点我觉得应该在被理解的基础上保留下来，比如，部分具有东方服饰特点的平面化结构，上乘的面料，略宽松的腰臀以及相对低的开衩。**一件极度紧身、高开衩、料子低劣、花型俗气的旗袍，倒不如不穿。

如果你对旗袍感兴趣，但是不知道怎么搭配，在此给出一些小建议：

1. 作为中西合并的产物，旗袍其实很适合与 Art Deco （装饰艺术）风格的饰品搭配。

2. 很多人觉得旗袍难配鞋，其实T字皮鞋、玛丽珍甚至芭蕾舞鞋都是可以与之搭配的。想要现代一些的话，一字带凉鞋也可以。我在一张老照片上面还见到过有人配白色网球鞋。但我不太建议搭配笨重的鞋子，比如厚底鞋，或者靴子。

　　3. 旗袍可以搭配什么外套估计也令很多人头疼不已，多半时候都是扯根披肩了事。我觉得配长款大衣或风衣总是妥帖的，见过有人穿迪奥式的修身女士短夹克也不错，张爱玲甚至用旗袍配过夹袄和日式睡袍……有时候，一点点想象力是必要的。

　　幸好买到了这件旗袍，偶尔参加正式场合也不必再特地置衣，去买些几百年都不会穿一次的礼服了。

3
Three
05

连体裤的
别样风情

　　赫本穿过不少连衣裙，但我最喜欢的一套打扮却是她在电影《龙凤配》中的黑色连体裤造型。这件连体裤是长袖加九分裤的式样，正面一字领，背后一个深V，上身略紧，而臀部略宽松，显得腰臀比十分曼妙。这还是我第一次体会到连体裤的特别之处：**它既有连衣裙的优雅，又多了几分洒脱。**这一身若是换作铅笔连衣裙，怕就落了俗套，也衬不出赫本的精灵气质了。

　　我当然是后知后觉了，早在20世纪30年代，伊尔莎·斯奇培尔莉（Elsa Schiaparelli）就意识到连体裤的美妙之处，在原来伞兵服（连体裤最早的原型）的基础上，发明了现代时装意义上的连体裤。当时连体裤引起的轰动，我想可能不亚于大家亲眼见到美人鱼上岸吧。要知道，那时候距离女性穿裤子合法化也才没几年呢。

　　之后电影明星就纷纷穿起了连体裤，在大银幕上留下了一个个经典别致的造型。直到20世纪70年代，连体裤依旧代表了一种 "Avant-garde"（先锋派）精神。虽然在我眼里，连体裤是一个好单品。但衣橱里充斥着各种连衣裙，却一条连体裤都没有的女生可能还是多数。我自己有一条皮肩带印花真丝连体裤，但内心最满意的倒是为我一位闺蜜挑选的那一条。

　　2011年左右，一个要好的女友约我逛街，她说最近没什么行头可以翻，要我帮她选选衣服。她比我还要高几公分，平肩，四肢纤长，骨肉匀称，脸又生得格外甜美。我发现一个品牌出了一件黑色的类似 vintage 圣洛朗的西装式样无袖连体裤，帅气利落，刚好我女友撑得起，又能和她甜美的气质形成一种反差。一边心里想着妙极了，一边推着她去试衣间换衣。结果她走出来，抬起头，轻轻将一头长发甩到肩侧，笑眯眯地跟我说："亲爱的，我从来没有穿过这样的衣服，但是我觉得好看极了！我要叫他们把牌子摘了，直接穿了走！"一个一米七几的瘦高江南女孩穿着一件西装剪裁的连体裤，也瞬间有了北方飒蜜的风采，自然是吸引了不少目光。我不能保证每个女孩都能找到适合自己的连衣裤，但假设你从来不曾尝试过，下次看到中意的款式不如就去试试，说不定会发现自己的另一番风情。

The
Secret
of Styling

外套

无论是一粒扣还是两粒扣，
单排扣还是双排扣，
第一颗扣子的位置尤为重要，
可以说是整件西装的"黄金分割点"。

4
Four
01

战壕风衣
到底是不是
亚洲女孩的基本款？

　　相信一件最经典的战壕风衣 (Trench Coat) 是很多人心中的衣橱必备，大家多少都会有"无论早晚总得买一件镇衣橱"的想法。可惜经典并不代表穿起来一定好看，尤其是我们亚洲女性。不过千万别责怪自己，因为这种风衣的确很难穿好看。

　　首先，它是由欧式男装外套改成的女装风衣，虽然女士版本加入了一些女装细节，但是整体版型依旧更适合偏男性身材的女性。而且嘎巴甸这种面料相对硬挺，无法紧跟身体曲线，身材较丰满的女士穿上反而会显壮实。

　　其次，经典战壕风衣的肩部带有肩章，且肩章做得偏长，对肩宽有很高的要求。一旦肩部宽了，对身高的要求相应地也会变高，否则会容易显得整个人四四方方，缺乏修长的条感。然而很大一部分亚洲女性骨架娇小肩膀窄，身板倒不一定薄，加上身高如果不占优势的话，穿起这种长肩章风衣的确会有些为难。

　　另外，还是身高的问题。传统的战壕风衣在背后有一个"半片"，原是用来防积雨的。这个防积雨后片某种程度上从背后和侧面分割了上半身的比例。比较能修饰比例的位置应该在背部中间偏上的地方，而很多人因为身高不够，这个后片直接能耷到后腰，从侧面看起来毫无腰背曲线，更糟糕的是有时还会因为后片带有一些弧度而显得驼背。

　　所以说，一件最经典的战壕风衣未必是适合大多数亚洲人的风衣。如果你穿着很好看，那真是非常幸运。但如果你和大多数人一样，并不适合穿这样挑身材的风衣，那也别担心，我们还有很多别的选择。接下去结合自己的情况，和我一起来选适合你的那件风衣吧!

　　首先我们得确定适合自己的长度。一般而言，经典的风衣长度是在膝盖附近，但我却认为这是一个迷之尴尬的长度。大部分人穿这种正常长度的风衣都显腿短。**因为膝盖，作为大腿小腿的分割点，实在微妙得很。**视觉上，小腿长比大腿长要显得比例更好，如果你的风衣长度刚好在膝盖附近，看起来腰到膝盖的长度会远远大于小腿腿长，容易显得小腿短，从而破坏比例。（不仅仅是风衣，这个定理适用于所有外套。）假设你不幸已经买了这种尴尬长度的风衣，也不是没辙，毕竟永远都可以将外套敞开穿，且内搭遵循"长腿原则"（比如高腰线，多露腿之类）；或者可以搭配阔腿裤和长裙，模糊膝盖对腿的分割。如果不介意短款风衣有点像夹克的话，短风衣对很多身材娇小的人而言，是不错的选择。这种刚好位于臀线附近的短风衣非但显得腿长，而且精干，适合身高不够理想且上半身比较厚实的人。

现在最受欢迎的风衣长度肯定是潇洒的超长风衣了。超长的概念就是差不多及踝的长度，个人觉得这种风衣有利有弊。超长风衣最大的优势就是：只要腰带扎得高，腰带下面都是腿，显得比例超好。文艺又潇洒不羁，高妹穿气场更足。但同时，对于身高严重不足的人而言，最小号的超长风衣往往都会太长，看起来好像被一大件风衣"吃掉"一样。要避免被风衣"吃掉"的话，还是可以敞开穿，或者垫双高跟鞋。

选完长度，接下去最需要斟酌的就是肩章设计了。严格地来说，缺乏任何一个经典元素的风衣都不能算是战壕风衣，但是时尚圈对于经典款的改造并不是什么新鲜事，既然你并不执念于一件经典款，那么肩章的选择就显得尤为重要。为什么这么说呢，因为没有肩章，或者落肩款式的风衣真的更显瘦！一般无肩章的风衣都会做成插肩或者落肩，这种不限制肩膀和大臂的肩部设计很能藏肉，尤其适合上半身比较丰满的亚洲女性。

最后总结一下：

1. 不高也不瘦的"圆形身材"，其实不必追求风衣。一定要穿的话，短款风衣可能是最保险的选择。

2. 瘦但是不高的女性，除了短款风衣，也可以尝试无肩章超长风衣并敞开穿，内搭高腰线下装，脚踩恨天高（说到底，身高不是问题，比例才是问题，我看没人嫌安室奈美惠身材差嘛）。

3. 如果不高，仅上半身丰满，腿还挺细长的，那么中等长度的无肩章落肩款风衣应该会适合你。

4. 如果身高够，全身都肉肉的，落肩款超长风衣得来一件。选择风衣的时候记得要选面料柔软的才藏肉。

5. 如果身高够，仅上半身壮壮的，无肩章超长风衣适合你，也要选柔软面料。

6. 如果身高够，还瘦，还撑得起衣服……这种天生的衣架子，喜欢什么买什么！

最后还有三点补充:

1. 说到底，选外套的时候考虑整体比例和大轮廓更重要，即便觉得自己身材不完美也能通过穿搭修饰身材，千万要对自己有信心。

2. 如果身板厚，腰也不细的话，穿风衣的时候最好不要系腰带。

3. 材质的话，无论丝、棉、麻、麂皮、光皮甚至灯芯绒，说到底还是要自己去店里试了才算。一般而言，纸片人可选硬挺一些的面料，丰满的妹子要选柔软的面料，而且不要有太多复杂的细节设计。

4
Four
02

两件
皮夹克

　　首先要声明，即便我自己买过很多件皮夹克，但穿着率都不算高。单层非皮毛一体的皮夹克比较适合在春秋两季较长且风大的地区穿着，因为相对于保暖，皮夹克的主要功能还是挡风。但若要是说到挡风，风衣加毛衣的组合又比皮夹克要实用许多，所以皮夹克在我眼里还是一个风格大于实用的单品，算不得我的衣橱必备。

　　说起皮夹克，很多人脑中只有一种样子，就是黑色的机车夹克（The Biker Leather Jacket）。这种机车夹克最早是为哈雷摩托车爱好者设计的，后来欧文·肖特（Irving Schott）在这种夹克的基础上设计一种非常畅销的款式，叫Perfecto。由于电影和摇滚明星们热爱穿着这一款式，所以现在但凡大家想对皮夹克说些什么，总会费大量笔墨在机车夹克上。不过我不打算反复说这些大家都知道的信息了，说说在购买机车夹克之前要想明白的三点吧。

　　1. 机车夹克非常重，尤其是五金件部分。对于开哈雷摩托车的美国壮汉而言，可能这种压身感刚刚好，既拉风又挡风，但是对于亚洲都市女性而言，除了拗造型，日常不太有穿这种夹克的需求，除非为了练轻功而打算日常负重。

2. 这种为男士设计的夹克并不是很适合丰满的梨形身材，我见过穿机车夹克好看的女性基本都是窄胯薄身板。

3. 机车夹克是一种风格化很强的单品，并非大部分人的衣橱基本款。如果你和它背后的机车、摇滚、朋克文化三不沾，本身气质又足够娴静淑女，往往很难消化机车夹克的个性。

不过单品本身风格再强烈，也还是能通过搭配做一些"柔化"。如果你实在是喜欢机车夹克，可以用一些非机车元素去中和机车夹克不羁的感觉。我自己有一件羊皮机车夹克，配破洞T恤、紧身裤和靴子作摇滚打扮真的非常怪异，完全不像我自己！后来搭配了一双羊羔毛拖鞋，反倒自在多了。

　　另一件则是男士棕色麂皮投弹手夹克。我会配上复古的印花丝巾和蓝色直筒牛仔裤，打造些许嬉皮士的感觉。细数经典皮夹克款式：机车夹克、赛车手夹克、击剑夹克和投弹手夹克，我觉得还是投弹手夹克可能最好穿。机车夹克之前说过了，赛车手夹克（Racing Jacket）和击剑夹克（Fencing Jacket）对身形的要求和机车夹克类似，而投弹手夹克（Bomber Jacket）比较松身，对身形的要求就低多了，而且它有足量空间可以隐藏或修饰女性曲线。在皮料的选择上，虽然黑色光皮看起来真的很酷，但个人还是偏好柔软的棕色麂皮。我一直建议：**女生如果选择男式版本的服装，尽可能要选柔软的面料，这样才能在肩部保持相对合身。**否则过宽的肩线配上较硬的面料会有种"穿香烟盒"的感觉，使得上半身巨大，严重影响整体比例。

　　就这两件皮夹克而言，我平时穿第二件较多，软软的又轻巧，裹在身上毫无压力。不过就保养和清洗而言，可能那件黑色羊皮机车夹克会相对容易一些，麂皮如果穿脏了的确是回天乏力。

4
Four

③

男士
牛仔夹克
启蒙

很多年以前，我有一朋友在日本买过一件牛仔夹克，有阵子总穿。一次出去玩遇上阵雨，我又恰巧穿了白色的衣服，他就借给我套着防走光。后来避雨躲进一家咖啡馆，我去洗手间擦头发，一照镜子发现：天哪，这件牛仔夹克穿着可真是太好看了！

这是一件建立在 Levi's 经典的 Type III 基础上的牛仔夹克，用了日本丹宁布，质感非常好，又不似 Levi's 那么硬。肩部做得流畅，整体也不是很长，即便是一件男士XL，我穿着居然也刚刚好。不可避免的是袖子很长，不过挽起来倒更好看一些。那时我很惊异于一件好看的牛仔夹克居然无论性别和身高，穿起来都各有风味，就向他打听怎么买。可惜我哥们儿说这件是限量，发售后三天就抢完了，现在肯定买不到了。然后很长一段时间，我都没有遇上过这么一件称心如意的牛仔夹克。

然而这个情结挥之不去，为了搭配我也买过 Levi's 普通牛仔夹克，可惜实在是硬到穿了几次就不怎么想穿了。直到今年夏天，在一个香港品牌买到了一件男士夹克，非常对味，巧的是也用了日本丹宁布，价格却实惠许多。

我试过不少牛仔夹克，个人觉得略有些宽大的版本是最好穿的。但女士的 oversized 牛仔夹克往往在版型的处理上不够潇洒，松身余量也不足，衣长倒往往过长，显得腿短。因此我建议大家可以去试试男装的牛仔夹克。一般男士牛仔夹克都会使用经典版型，而且为了显精神，衣长都不会做得过长，我自己买的这件 XS 号和 M 号的衣长没差太多，主要是宽松程度、肩线位置和袖长有所差别。

　　在购买的时候我也有几点建议：

　　1. 面料尽可能软硬适中。太软的面料会使一件牛仔夹克看起来像是一件牛仔衬衫，但太硬的面料非但穿起来不舒服，还容易不规则地括起。

　　2. 肩部处理。有些牛仔夹克特别强调宽肩，女生穿着会显得肩膀耸起，特别奇怪。适合女生穿着的男士牛仔夹克，最好上身效果是有些落肩感觉的，非但服帖，也会显得人比较娇小纤细。

　　3. 超过臀线太多的牛仔夹克一定不要买，你会发现怎么搭配都显得全身比例奇怪。

　　4. 选上身效果接近直筒而非A字形的牛仔夹克。本来女生穿男生夹克就容易显A字轮廓，如果丰满一些的女生穿一件原本就是A字轮廓的牛仔夹克，胸口至下摆会被最大程度地撑开，这种轮廓的夹克有多不修饰身材，大家应该想想就明白了。

4

Four

④

狩猎夹克、圣洛朗
和现代城市女郎

　　狩猎夹克发源于19世纪末，它是谁发明的至今是个谜。我们唯一知道的是，它的流行源自20世纪初肯尼亚的英国殖民者。狩猎夹克能从非洲流行到欧陆，据说是因为带有阳刚的狩猎元素，对于穿腻了文绉绉西装的英国绅士而言很新鲜。而且狩猎夹克用了薄脆透气的面料，不但挺括，在夏季穿着也比较凉快。到了20世纪中叶，我们就经常能从好莱坞老电影中看到狩猎夹克的身影，作为当时"时装风向标"的电影戏服，狩猎夹克受到了极大的关注，成了男性夏季衣橱的热门单品之一。

　　不久之后，女性也纷纷爱上了狩猎夹克，有两个人功不可没。一位是格丽斯·凯里，她在1953年的电影《红尘》就穿着了狩猎夹克，成为银幕经典；另一位则是伊夫·圣洛朗。圣洛朗于1968年发布的撒哈拉高级成衣系列（La Saharienne Collection）将狩猎夹克正式带入了时装范畴，从此以后，狩猎夹克便成为当时女孩们心中的时髦单品。

　　作为现代女性，我们既不会时常去非洲打猎，又很少会在日常生活中穿着T台款式的狩猎夹克，那么还有机会穿一穿这件夹克吗？当然是可以的，但需要和城市生活结合，视为"都市狩猎风"（Urban Safari）。那么怎么结合城市气息呢？还是回到两点：选款和搭配。

　　我自己特别喜欢圣洛朗在二十世纪六七十年代设计的那种经典狩猎装，但有一次试到过一件 vintage，发现特别不容易穿好看。首先，经典狩猎夹克是刚好遮住臀线的中长长度，显腿短；另外，经典的卡其色狩猎装套装穿上身很有些"老干部"气息；最后，经典的狩猎夹克是上下对称四个口袋的设计，对于身板不够薄的人而言，简直是灾难；若要选择一件比较容易穿着和搭配的狩猎夹克，对经典元素肯定是要有所取舍的。

　　我自己买过一件狩猎夹克，特别喜欢。面料是棉麻的，相对传统狩猎夹克而言更加柔软，没有那么挑身材，也比较休闲，不似穿着经典狩猎夹克时需要时刻挺起腰板。另外它舍去了胸前两个口袋，只留衣摆的两个口袋，收腰用了松紧带而不是传统宽腰带，这使腰部设计更简洁（当然，也可以自己束腰带的）。虽然外形还是保留了狩猎夹克的样子，但削减了不少男装元素，使整件夹克更容易和城市女孩的衣橱相融合。

　　在造型方面，我是绝对不会用狩猎夹克搭配长裤装的，即便要穿也得解开扣子敞开穿，以便露出腰线。最简单的穿法就是搭配比夹克略微长一点点的中裤，既丰富了层次，又拉腿长。为了增加一种休闲感，我搭配了灰绿色麂皮凉拖和皮编织篮子，外加一顶巴拿马帽，在沉闷的都市里也能寻到一份度假心情。

一件味道
刚刚好的
小西装

什么算是"小西装"呢？称之为"小西装"是为了和男装领域的
"Suit""Jacket"以及"Blazer"等做一个区分。由于现代女装对各种元素
的借鉴本来灵活，没必要刻板地按照男装体系泾渭分明地去讨论各种经典短
外套的概念。故此，"小西装"在本节的定义仅仅是：**具有一定西装夹克元素
的、偏休闲的、短至中短长度的外套。**其实就是大家经常会买的那种。

秋季衣橱我最愿意投资的外套就是款式材质各异的小西装了。相对于过
分厚重的大衣和闷闷的风衣，小西装在我眼里无疑是最实用的秋季外套。而且
在款式、材质、花纹和颜色上，可以玩出无数花头，精彩得很。然后问题就来
了：不少读者曾向我抱怨自己买的小西装看似"平易近人"，但是上身怎么总
是感觉"味道"怪怪的……问题到底出在哪儿，又该如何选择适合自己的小西
装？在本节中，就让我们从版型、颜色、面料和细节四个角度去探究一番吧。

男士松身版型 vs 女式修身版型

现在大家说起小西装，首先就会想到"帅气"二字，加之很多人下意识

觉得松身版型比较藏肉，因此男朋友款的小西装尤其受欢迎。不过值得一提的是，过大或者肩膀过宽的款式，我们普通人真的是很难穿好看。如果你想选择一件男士松身版型的西装最好注意以下三点：

1. 面料相对柔软，松垮垮地挂在身上会显得比较合身。

2. 尽可能敞开穿，内搭记得强调腰线。

3. 肩宽合适是最关键的，过窄显得头大脸大，过宽又显人矮。其中的分寸，得自己好好琢磨。

对于收腰的女式小西装，之前一直给人一种老气横秋或者一本正经的印象。但现在复古风一波波地吹，大家对修身的女式版型小西装接受度也逐渐变高。不要以为收腰的小西装只能走淑女路线，只要会搭配，也是可以呈现帅气感觉的。

然而负责的我去翻遍了自己的衣橱，发现最爱的几件小西装其实介于上述两者之间：合身的肩袖和胸围，显瘦显精神。略修身的处理在不破坏率真感的同时微微带一些曲线，不至于像块长方形的板砖。虽说男士西装多半也带有修身剪裁，但是我买的还是略带男装元素的女式小西装，毕竟肩不够宽，撑不起纯男士西装。

黑白灰 vs 低饱和

我个人比较喜欢低饱和色小西装，因为普通的黑白灰纯色小西装真的很难逃脱制服感的宿命。如果你出于工作需要，那么就当制服穿了，买一件剪裁高级一点的提升一下整体质感是唯一能做的事情。如果并不是一定要穿制服西装，那找一个低饱和的近似色是个不错的选择。比方说，穿灰色或者纯白不好看，就可以选择裸色或者米白。另外，这个方法也适用于其他颜色的替换。比方说藏蓝色小西装大部分人穿起来就特别刻板，那在日常生活中你可以替换成带些灰度的深蓝色，看起来就灵动许多。

纯色 vs 驳色

除了选择低饱和替换色，用驳色代替纯色也是很好的方法。你还可以选择带有纹样的小西装，作色彩搭配时也会比纯色更容易。

当然了，也不要因为流行而盲目地觉得凡是格纹的小西装都是美的，到底

好不好看得自己用心辨别，颜色和图形的美感是很微妙的。

面料的选择 & 混纺的优势

　　初秋的时候我经常穿一件蓝灰色亚麻小西装，面料有丰富的肌理，带一层薄薄的蓝白条纹衬里，卷起袖子的时候可以增添一些耐看的细节。最关键的是亚麻质地轻薄又透气，非常适合初秋20—28℃左右的气温。如果你想要兼顾工作和休闲的话，也可以选择黑灰色亚麻的小西装，最好能带些低调的织纹。

中秋的时候温度一般在13—23℃之间，穿亚麻西装显然有些凉，但尚未能套上羊毛西装，这种时候我常穿的是一件带有一定厚度的午夜蓝丝绒小西装。

这件西装每次在微博出现时询问度都很高，不少读者也在积极寻找属于自己的那件丝绒小西装，但是我发现有两个常见误区：

1. 丝绒小西装本身就容易看起来偏正式（或许是受"吸烟装"的影响），所以在选款上尽可能含蓄低调一些，不要选择带有徽章、对比色包边、刺绣、闪片等醒目元素的，否则很容易把小西装的气质往浮夸方向带跑偏。

2. 丝绒是一种面料的处理方式，有化纤丝绒、真丝丝绒、全棉丝绒等等。我个人觉得化纤丝绒要不得，亮晶晶又廉价的感觉完全抹杀了丝绒的低调华丽感。

我买的这件在扣子和袖里处有细节，但外表可以说是很简洁了。

等到气温降到10℃左右，那必须要各种毛料小西装撑场面了。毛料本身就带有比较强的织物感，即便是纯色也挺好看的，但是我自己一直以来都比较喜欢花纹美好的花呢小西装。在很多英国品牌都能够买到这样面料考究，做工精良，款式经典的小西装。我在苏格兰旅游的时候就于一家半定制女装店购买过一件灰绿色花呢小西装。

另外要补充一点：很多人看到100%棉、麻、丝……就觉得很安心。但是一件西装的料子好不好，"100%"并不是唯一的标准。比方说，一件100%初剪羊毛的粗花呢夹克肯定是有些"扎扎的"。连英国人都会自嘲地说："苏格兰的任何东西都使人发痒（Everything in Scotland is itchy）。"加上一些羊绒和一些化纤混纺的粗花呢未必不高档，且往往会柔软亲肤许多。

举些好理解的例子：麻料通常会有些硬，加入一些丝、绵、毛就会柔软一些，但依旧保持了透气的特质；纯棉麻容易皱，加入一些抗皱效果佳的化纤面料就不那么容易皱。有些羊毛可能比较硬，加入一些羊绒或者棉，亲肤性会大大提升。总之混纺是一门学问，很多时候和"转基因"一样，可以扬长避短，从而形成自己独特的优势。

关键的细节

之前讨论的版型、颜色、面料其实都算挺好把控的，相信平时喜欢研究服装的读者应该也早就注意到了。但一件小西装味道对不对，细节才是最关键的，放在最后一一分析。

衣襟和衣领就一起讨论了。无论是最普遍的枪驳领、青果领还是比较另类

的无领小西装，小西装衣襟或衣领的开口无非就是呈一个V字。但是这个V字的宽窄和深浅是很重要的。太浅的V领会显得胸口很局促，显臃肿。可以发现白色这件看起来风格比较古板局促，黑色这件就相对疏朗一些。

而衣领的形状也很有讲究。过大的衣领在搭配上受局限就不多说了，其"放大"效果也容易显上半身壮，尤其是胸部比较丰满的女生。同样是两粒扣，条纹这件就显得上半身很宽，而黑色纯色的窄领子就显得上半身纤细。

衣领的材质也很重要，缎面领就很容易显得过分正式，看图美，但是实际生活中真的很难搭配对味。我自己就有一件，买了十几年，只在2007年刚买的那会儿穿过一次，还留影纪念了（可能隐约预感到以后不会穿了……）

另外还有一些不规则衣领的设计。我觉得不对称设计挺好看的，但如果胸口设计太过复杂，那么显胖无疑了。除非你购买这件小西装就是看中领子独特而别致的设计，否则还是含蓄简洁些的好。全身造型中，内搭、下装、包鞋和首饰可以制造很多亮点，小西装的领子不是非得凑热闹的。

再聊聊扣子的位置。无论是一粒扣还是两粒扣，单排扣还是双排扣，第一颗扣子的位置尤为重要，可以说是整件西装的"黄金分割点"。第一颗扣子的位置过高或者过低都会显得比例不得当。而在实际购买过程中，我觉得双排扣的雷区会比单排扣多一点。常遇上的问题之一是：很多双排扣小西装解开扣子以后，腰身两边括起，但前襟仍然是交叠的，无法真正敞开穿。好好一件显腰身的双排扣小西装在解开扣子以后瞬时变"箱式轮廓"，真的不是普通人能穿好看。加上无法露出内搭，就算懂得强调高腰线的穿法也根本看不见。"胖一圈＋矮一截"就是这类双排扣小西装的问题。另外，双排扣的排列形状也很有讲究，由上至下呈明显收敛趋势的显瘦，当然，具体还得结合腰线的设计来看。

下摆最关键的无非是长度。如果说第一颗扣子决定小西装的比例，那么结合下摆的长度就能左右整体比例。这点，小西装作为一件外套和别的外套无异：过短的下摆显上身壮，而过长的下摆则显矮。

　　说到后摆，男士西装无非就是单衩和双衩的区别，一般臀部特别翘的会选择双开衩的设计，不过这点对于亚洲女性而言没什么太大的参考性。一般亚洲女性单双开衩都可以。女士小西装还有不规则下摆，虽然不算基本款，但有些设计还挺别致的，选择的关键点在于下摆不能太蓬。

　　最后说说垫肩。现在大部分女士小西装已经摒弃了老式的垫肩设计，但在亚洲女性中间溜肩窄肩的不在少数。**很多人穿小西装不好看其实就是在于腰肩比不对。**虽说我们不追求平而宽的模特肩，但是要穿好一件小西装，腰围可不能大于肩宽。

　　如果买的小西装没有垫肩但是你又需要的话，完全可以找裁缝加一个。不过千万不要加得太宽，也不要垫得太高，除非身高傲人并且能够驾驭浓浓的20世纪80年代复古感。

　　总而言之，**在考虑购买一件带垫肩的小西装时，头肩比和腰肩比要同时考量进去。对于身材不够完美的普通人，我们难免寄希望于衣服来完美身形。**

大衣的
经典轮廓

用大衣来打造高级的轮廓是一条捷径。不需要费心地用上装搭配下装，里层搭配外层，只要潇洒地披上，整体造型就成功了90%。不过前提是，这件大衣是美且适合你的。我身边很多人在买大衣这件事情上面栽过跟头：

舍不得投资，几百块买了一件穿一季就变形；

存钱花重金买了一件，结果不适合自己；

穿的时候挺喜欢的，买回家发现不好搭配；

买的时候挺流行的，怎么一转眼就觉得土土的……

好了，如果你有以上烦恼，那么我建议投资一件经典大衣。你可以花点小钱买一些上装、半裙、首饰等小件追追流行，但是大衣，我推荐从经典款入手。事实证明，经典款大衣的确太不容易过时，买到一件质量好并适合自己的，能从少女时代穿到老。那么大衣中的经典款有哪些呢？精选下来，我自己心中值得购买的经典款有以下5款：

1. 切斯特菲尔德大衣（Chesterfield Coat）。

2. 裹身大衣（Wrap Coat）。

3. 军装风大衣（Military Coat）。

4. 茧形大衣（Cocoon Coat）。

5. 超长大衣（Maxi Coat）。

现在的大衣可能会在经典版型上有一定改良，但是穿着效果大致相同。接下去按照上述1—5的排序，讲讲这些大衣各有什么优缺点，适合哪些身形，以及如何搭配选色。

切斯特菲尔德大衣

切斯特菲尔德大衣是一款非常经典的男士大衣，以它的发明者切斯特菲尔德（Chesterfield）伯爵命名。女士的切斯特菲尔德大衣和男款并没有太大改变。一件切斯特菲尔德大衣（即便是改良版）需要符合四点要求：① H形轮廓（收腰）；② 戗驳领；③ 左右两个口袋；④ 偏长的下摆。

切斯特菲尔德大衣可以是单排扣也可以是双排扣，微微收腰的设计可将身材修饰成H形轮廓，非但显瘦而且利落。虽然高瘦的女生穿出来肯定最好看，但

是不够高、不够瘦、腰也不够细的女生穿着完全好过其他版型的大衣。

但是没有一件大衣是零短板的。切斯特菲尔德大衣下摆的长度刚好在膝盖附近，如果不够高，扣上穿会显腿短，所以大部分人都会敞开穿，并且配上强调腰线的内搭。在风格上，切斯特菲尔德大衣偏正式，有些年轻的姑娘害怕穿上它就一股子"老干部"气息，但其实完全可以在选款和搭配上借掉些正式感。

比如我有一件驼色切斯菲尔德大衣，在搭配的时候会用轻松的阔腿裤和编织篮弱化大衣的正式感，并将春季的真丝印花衬衫作为棒针衫内搭，非但亲肤舒适，还能在领口和袖口处做小面积点缀，打破大色块呆板的感觉。

如果纯色的切斯菲尔德大衣对你而言还是太成熟的话，那大可选格纹的，搭配素色高领就很出彩，也适合高阶色彩混搭。

裹身大衣

　　大家心中最经典的裹身大衣大概就来自M牌吧，也正因为如此，我脑子里觉得裹身大衣就是要驼色的，温柔地包裹在身上，露出一截光腿，女人味爆棚。

　　裹身大衣有瘦下半身的效果，特别适合梨形身材，且领口能显脖子修长，也适合周身都偏丰满的女性。但它也有短板，最忌讳的是倒三角形身材。这个大衣的型本就会显得上半身更丰满一些，而下半身撑不起就会缺失裹身大衣打造出的沙漏般的曲线。解决的方式有一个，就是尽可能买领子小，甚至没领子的裹身大衣，因为大翻领会显得上半身更壮，反而领口及胸口设计得简洁点会在视觉上有收敛感。

　　另外，如果腰不细，就千万别死命勒腰带，反而松松地系着能让人捉摸不透腰间堆着的是衣料还是赘肉。不过假设腰真的很粗的话，我建议放弃裹身大衣，买前面推荐的切斯特菲尔德大衣就好。

　　大长腿们可以尽情地选择不同长度的裹身大衣，但如果对自己的腿长不是很有信心的话，可以把腰带扎得高一点，或者索性选短款或者超长款，会显得比例比较好。

搭配方面，我觉得裹身大衣没什么禁忌，但是有一个要点：不能削弱大衣本身慵懒的感觉。

裹身大衣最经典的肯定是驼色，不过很多人反映驼色穿不好。其实驼色只是一种类型颜色的统称，偏绿、偏黄、偏红的都有，深浅不一的驼色适合不同肤色，不确定的话可以去店里多试试。实在不适合任何一种驼色，也可以试试别的。温柔的颜色和裹身大衣的气质都相符，比如浅灰、浅粉都是不错的选择。

军装风大衣

军装风大衣是由军装演变而来的一种双排扣大衣，也是我觉得多数人能穿好的一件经典款大衣。不过军装风大衣好像一直活跃在英国时尚界，在其他地方不怎么受到追捧。这也好，不妨趁没有变成爆款前来一件。

军装风大衣的肩部立体有型，配合自然的收腰和微伞摆，三点组合起来可以彻底重塑身体曲线。也就是说，即便身材本身没什么形，只要套进这件大衣，也会变得有形起来。毕竟是军装的演变，穿起来精气神爆棚。搭配方面也没什么难度，配裤子或者裙子都很时髦。有时甚至可以换一种思路，用比较硬朗的军装风混搭女性化特征强烈的单品，具体可以参考 Chloé 2015秋冬所呈现出的感觉。颜色方面，藏蓝或者军绿是最符合军装大衣气质的颜色。

茧形大衣

相信不少人对茧形大衣的印象还停留在巴黎世家刚推出其品牌经典茧形大衣的年代。这种当时的"新轮廓"有一种驼背缩脖子的优雅感（是的，就是这么矛盾……），相信如果茧形大衣现在还是这样，大部分人是不会买的。可是事实上是，茧形大衣进化了，现在的茧形大衣基本向箱形大衣（Boxy Coat）无限靠拢。

众所周知，茧形大衣的轮廓和H形大衣是反向的，它是O形的。但是现在一般都不会把这个弧度做得太夸张，而是微微扩出来的样子，非但不那么显胖，肩膀到袖子流畅的过渡反而会让穿着者看起来整体小一圈，很适合大骨架的人。改良后的茧形大衣依旧拥有优雅的轮廓，却更适合当代人的衣橱了。

搭配方面，我觉得简单有收敛感的内搭最不会破坏整体轮廓，尤其忌讳内搭具有膨胀感的衣服并且敞开大衣穿，因为茧形大衣的弧度会显得身体更宽。选色方面，明快的颜色或者深色比较适合勾勒其独特的轮廓，温柔的色系反而凸显不了。

超长大衣

其实超长大衣不能算一种版型，任何过了小腿肚的大衣都可以叫超长大衣，放在这里说是因为我自己还挺喜欢这类大衣的。

超长大衣的优点和缺点都和本章第1节中所说的超长风衣一致，在此不赘述了。就记住一点：**穿超长款的时候，看不见腰线是很危险的！** 其实我自己私下常穿的几件大衣都算得上是超长大衣，最喜欢的应该就是这件蓝绿色格纹马海毛超长大衣啦。

超过25岁还能
穿牛角扣大衣吗？

我的答案是：超过三十岁了，还在穿。其实牛角扣大衣 (Duffle Coat) 是我高中时期最常穿的外套，后来工作了就开始买商务型大衣，但反而过了三十岁，又开始穿回了这件。欣赏它自带无造作气质：**不求气场，不博眼球，就这么简简单单地套上去做一些最日常的事情，比如泡图书馆、买菜、遛狗、骑自行车之类。**

我不认为牛角扣大衣是衣橱基本款，但由于我自己特别偏爱这件大衣，所以想给大家讲些属于它的"冷知识"。

Duffle Coat，Duffel Coat 还是 Monty Coat？

Duffle 是英国的叫法，法语区往往称之为 Duffel。Duffel 或 Duffle 最早指代一种出产于比利时小镇 Duffel 的面料，由这个面料制成的包叫 Duffle Bag，而大衣就叫 Duffle Coat。

后来无论是包还是大衣，面料上都经历过多次更替，现在市面上常见的 Duffle Bag 大多是帆布制成的，而 Duffle Coat 则多由羊毛毡（一种经过强缩处理的羊毛面料）制成。

后来，英国海军在二战时参照了波兰和比利时 Duffle Coat 的原型，设计出了现代意义上的 Duffle Coat。由于英国著名将军 Montgomery 经常穿这件 Duffle Coat，当年将军穿的这件经典款就被称为 Monty Coat。Monty Coat 作为 Duffle Coat 的经典，有几个非常明显的特点，后文会详细阐述的。

Duffle Coat = 牛角扣大衣?

Duffle Coat 最普遍的中文翻译便是牛角扣大衣，但这也是最不准确的翻译，因为**传统的 Duffle Coat 是木扣搭配麻制绳扣的**。当时这种设计主要是为了方便在带着皮手套的时候也能够穿脱大衣，牛角扣搭配皮绳扣则是后来的风尚了。

我个人觉得无论是木扣还是牛角扣，因为面积小，对于整体风格的影响并不算太大，但可能是牛角扣看久了，反而觉得木扣配麻绳的原始版本更得我心。

Duffle Coat 与流行文化

二战结束后，不少囤积的军需物资被国家以非常低的价格销售给平民百姓，包括 Duffle Coat。自此，这种大衣就开始真正流行了起来。首先说说将 Duffle Coat 带红的英国 Mod 文化。

Mod 文化始于20世纪50年代末60年代初，由于战争结束，父母从战场重新回归家庭，但当时的青少年和自己的父母已存在极大的文化断层，出生于劳工阶级的 Mods 因无法摆脱现实的桎梏及自己所处的社会阶级，而寄情于音乐、电影、时尚、泡咖啡馆等娱乐活动。对 Mods 青年的白描一般是：叛逆、爱打扮、出生于工人阶级，而 Duffle Coat 则堪称当年 Mods 青年的衣橱必备。Mod 文化也催生出不少传奇乐队，比如甲壳虫乐队、奇想乐队、谁人乐队等等，为之后七八十年代的朋克文化打下了一定基础。

由于 Duffle Coat 代表了一种平民文化，但又具有很强的风格，使得法国人也为之吸引。法国导演让·谷克多（Jean Cocteau）就对 Duffle Coat 异常偏爱，常年穿一件奶油色 Duffle Coat。碧姬·芭铎在20世纪60年代的电影

《La Verite》中也有身着 Duffle Coat 的造型，足以证明当年它在欧洲是相当有影响力的。

Duffle Coat 的平民化当然也会影响学生。在20世纪60—70年代，欧美的学生也非常喜爱这款大衣，发展至今，它已成为学院风（Preppy Style）不可缺少的经典单品。而且 Duffle Coat 不但可以和休闲的海军风做搭配，也是如今唯一能够和正装搭配的连帽大衣。

什么构成一件最经典的 Duffle Coat ？

目前世界上公认的，最接近经典的 Duffle Coat 的就是英国 Gloverall 公司生产的 Original Monty Coat。Gloverall 的创始人哈罗德先生原本就在二战时期给英国海军供应 Duffle Coat ，后来战争结束，Duffle Coat 受到极大的关注，这位先生把握住了商机，自己开了一家公司开始生产 Duffle Coat，这家公司就是 Gloverall。

不过话说在前头，在"最适合自己"和"最经典"之中，永远选"最适合

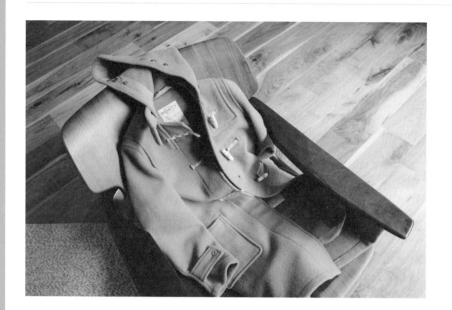

自己"的那件。能把经典款穿好看固然很好，但是也不要勉强自己。Duffle Coat
作为一件功能性大衣，其经典设计基本都是考虑实用而非美观，在此罗列给大
家，心里有数就行了，不必强求。以我自己买的 Original Monty Coat 为例：

　　1. 颜色方面，由于最早的 Duffle Coat 是驼色的，所以现在依旧视驼色为最
经典色，第二经典的就是海军蓝。虽然我买的是驼色，但橄榄绿或者灰色也都挺
好看的。

　　2. 面料方面，之前说过最初的 Duffle Coat 用的就是 Duffle 面料，后来改
用34盎司/码的罗登呢（Loden，一种双面强缩羊毛料子）。再后来用 Loden 的
都很少，一般还是会用强缩过的羊毛/化纤混纺面料来制作 Duffle Coat（标准比
较高的一般是用意大利产的 80% 羊毛混20%化纤）。不知道这种面料的改变是
为了节省成本还是减轻大衣的重量，但是我个人觉得这种配比的料子不算重到压
身，也依旧很保暖。

　　3. 木扣加麻绳绊绳的设计。Duffle Coat 最突出的特点就是扣子的式样和别
的大衣不同，为什么这么设计之前也已经说过了。现在稍微讲究些传统的品牌依

旧会出经典的木扣加麻绳版本。我个人觉得，相对市面上普遍的牛角扣配皮绳而言，木扣配麻绳朴素轻快，比较符合 Duffle Coat 的气质。而且有一种说法，最传统的 Duffle Coat 设计是"偏向一侧的三条杠"，而不是我们现在常见的"居中四条杠"。

4. Duffle Coat 当然要有帽子啦，但是最经典的帽子设计应该是带一条中缝的两片式帽兜，并且在帽子两侧有扣子，方便把帽兜压扁收起来，而现在市面上大部分帽子都是两道拼缝的三片式帽兜，无调节扣，不能收帽兜。

5. 不带衬。传统的 Duffle Coat 就一层，没有衬里。现在很多版本都做了衬里，我觉得是件好事，毕竟强缩羊毛直接穿在皮肤上还是有些痒痒的，不过也有不少人觉得没必要，毕竟谁也不会光身子穿 Duffle Coat。

6. 肩部双层加固。一种说法是为了加强肩部的防水功能，还有一种说法是因为肩部要经常扛东西，为了防止磨损才做了双层加固的设计。

7. 身侧有两个大口袋。传统的 Duffle Coat 就是两个大口袋，不过后来大家加入了袋盖，以及侧插手袋的设计，我也觉得挺实用的。

8. 可以调节松紧的功能带们。经典的 Duffle Coat 在领口有一条可调节的带子，是为了在戴上帽子之后箍紧领口保暖用的。另外在两侧衣摆内里各有一根调节带，是用来绑住大腿，防止衣摆在风中翻飞的。另外，袖口也是可调节的。

9. 最后，经典的 Duffle Coat 为了方便海军爬上爬下，做的是松身的设计，我自己觉得女生也是穿不收腰的比较好看。

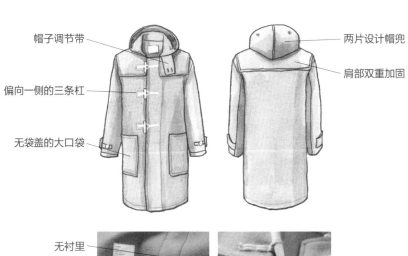

帽子调节带 —— 两片设计帽兜

—— 肩部双重加固

偏向一侧的三条杠 ——

无袋盖的大口袋 ——

无衬里 ——

绑腿防风带 ——

木扣+麻绳

　　正因为这种随性的气质，Duffle Coat 并不挑剔身材，也适合与比较休闲的衣服搭配，是一款舒适度很高的外套。颜色方面，比较朴质的纯色，比如黑色、藏蓝、军绿色、驼色、灰色，都是很不错的选择。

小贴士

穿牛角扣大衣的时候最好不要扣第一颗扣子，否则显得脖子超级短。

4

Four

这三件保暖外套
绝不向羽绒服妥协

不知道当你看到这一节的时候外面是什么温度，但在此还是想邀请你回顾一下记忆中最冷的那一天。带着这种被寒冷逼迫的危机感，看看下面三件保暖外套哪件才能抚慰你的心，给你带来十足安全感吧。

◼◼◼ 1 绗缝夹克

保暖度：中等

时髦度：★★★

适合人群：冬天极端气温不超过-5℃

绗缝夹克（Quilted Jacket）的历史其实非常长，中世纪的时候就有这样的夹克，多用于垫在金属盔甲里增加舒适度和保暖性。而现代意义上的绗缝夹克是1965年由一对美国夫妇 Steve Guylas 和 Edna Guylas 发明的。当时他们搬去了英国，成立了一家专门制作绗缝夹克的公司叫 Husky Ltd.。这种夹克最早是在 Guylas 先生的射击俱乐部里流行起来的，但由于伊丽莎白女王的喜爱，

这件夹克后来就彻底红了。

　　专做传统绗缝夹克的英国品牌有 Lavenham、Barbour、Burberry 等等，卖得最好的美国品牌可能就是 Ralph Lauren 了。如果你抱着买一件就要买经典的态度，那么下手吧。但作为试遍了几乎所有传统绗缝夹克的人，我非常确定，它根本不适合我的身形……

　　传统绗缝夹克偏长，显得比例不怎么好，普通人穿了以后五五身没得跑，领口的设计也比较老气。好在女装界有很多非传统款式，适合身形不一的你。我自己买过一件非常喜欢：它是无领的设计，简约大气。而且这件是前长后短的设计，不但保住了腿长，臀部也不会受凉。

　　说到底这种"老棉衣"的搭配尽可能要露出自己最纤细的地方，比如说脖颈。所以我就内搭了一件羊绒高领，并且为了不让自己看起来像是"一双筷子戳了只包子"，配的是阔腿裤，以及妥帖包裹脚踝的靴子。如果你怕冷，也可以穿长袜，把露出的脚踝保护起来。

这种夹克非常轻，好收纳，保暖度也不错，真的很冷的时候可以作为内胆和别的外套叠穿。

■■■2 皮毛外套

保暖度：中等偏强

时髦度：★★★★★

适合人群：怕冷，爱美。冬季室外寒冷但室内暖气足。

先说说东北姑娘心中的挚爱：貂。不要觉得皮草俗，它原是很优雅的。因为20世纪70年代掀起了动物保护运动，穿皮草被认为是不道德的，这股风气才被压制了。我看过制作皮草的视频，的确残忍，有点难以接受，但是好在现在有很多二手皮草或者假皮草可供大家选择。我自己觉得同样厚度的情况下，真皮草肯定是更暖一些，但假皮草也真的够暖和了，而且在染色方面，现在的技术可以做到非常逼真。

很多人觉得皮草太贵气，很难驾驭，这可能也是为什么上一代时尚偶像们穿皮草要拎菜篮子中和一下贵妇感的原因吧？

好在现在假皮草外套的选择太多了，怕老气的话可以选择一些活泼的款式，比如短款，一般会看起来年轻很多。搭配上可以参考凯特·摩斯，用皮草搭配牛仔裤和马丁靴，能立即削弱贵妇感。

如果你实在还是觉得不适合皮草，那也可以选皮毛一体外套（Shearling Coat）。

Shearling Coat 的前身是羊皮皮毛一体飞行员夹克，由 Leslie Irvin 发明，在英国制造之后提供给英国皇家空军作为高空抗寒制服（那时候战斗机的机舱密封性很差，看过《敦刻尔克》的读者应该有概念）。

Shearling Coat 无疑是超级保暖的，羊羔毛部分穿着保暖，而皮面挡风，试想一下钻进一只巨大的UGG里面，暖和不暖和？更可贵的是它的自重也很轻，可以说是冬天我最爱的外套了！但这件外套也有一个致命弱点，就是雨天不方便穿着外出。于是就引出了下一件大衣。

3 帕克大衣

保暖度：强

时髦度：★★★★

适合人群：冬天最低温度在 −10℃ 以上

　　帕克大衣据说是因纽特人发明的，抗寒抗雪，淋点雨也不怕，可以说是寒冬最万能的外套。帕克大衣可以是充绒的，也可以是在内部缝有皮毛的，但关键有两点：① 有帽子（而且帽子上有毛毛）；② 腰部有抽绳，方便穿着又不显胖（绳子收紧一些就有腰啦）。帕克大衣在我心里的地位一直是很高的，有一件藏蓝色的帕克大衣大概穿了十年了，也经常套在羊毛西装外面叠穿。正是因为有它，我一直没能"过渡"到羽绒服，因为帕克大衣对我而言就足够了。

　　买帕克大衣唯一需要注意的其实就是腰间抽绳的位置，毕竟它决定了你"人造腰线"的位置，千万不要为了追求"男朋友感"而故意买大一号，否则腰线直接掉到臀部。

　　前几年超模赶场子的时候倒是一直见着帕克大衣，大概是火了太多年，近几年没动静，但我自己还是觉得在寒冬外套中，它算是颜值第一名，尤其军绿色的帕克大衣配蓝色系真的是挺好看的。

　　最后，我一直会被盯着问的问题是：有没有好看的羽绒服推荐，羽绒服怎么搭才时髦？我想说，不要总想着怎么把羽绒服穿好看。拉链拉好，裹紧你的羽绒服，寒风里没人有兴趣在街上看美女，穿成什么样都没差。只要里面搭配好，到了室内羽绒服一脱，你还是方圆百里最娇艳的花儿。在选择羽绒服的时候，羽绒的充绒量和蓬松度需要关注一下，这决定了羽绒服究竟暖不暖，以及这钱花得值不值。另外不要买亮面的羽绒服，真的会很像……健美先生。

The
Secret
of Styling

鞋履

秋冬买鞋最大的陷阱就是：
稍不留神，
买回来的所有鞋履都是
—— 黑色的！

5
Five
①

买鞋的
两种思路

最近连着去了伦敦和巴黎，闲时就坐在街边观察路人的打扮，无意间发现伦敦姑娘和巴黎姑娘脚上穿的鞋，在风格上有着明显的区别。后来想了一下：**鞋子的选款和她们看似相同却截然不同的搭配体系有着必然的关系。**为了方便讨论，暂时将她们粗略拉成两大阵营：伦敦队 v.s. 巴黎队。借此也正好分析一下，我们自己平时偏向哪一队。

想象中，英国人的穿着应该是传统且保守的，但在伦敦完全不是这样，反而经常能在街头看到出位又极富想象力的装扮。到底也是出过维维安·韦斯特伍德（Vivienne Westwood）、亚历山大·麦昆（Alexander McQueen）这类大神的伦敦，**大家很擅长用服装来表达自己的个性、心情和理念。**伦敦人对于混搭的热情我觉得算得上世界第一。但是，即便衣服搭配得再荒诞不经，往下一看：一双乐福鞋、德比鞋或者马丁靴……工工整整的英式经典鞋型还是大部分人的日常选择，也体现出伦敦人在创新中依旧保有对传统元素的重视。

我最喜欢的一位英国老牌超模，叫史蒂娜·坦娜特（Stella Tennant）。她有一张街拍非常能体现伦敦人搭配鞋子的逻辑：上着一件亮蓝色扎染打底

T恤，外罩一件镂空的黑色上衣。下着一条黑色蕾丝半裙，透出内搭的针织肉粉色裤袜，并套了一件灰黑色大衣做层次。但在鞋的选款上，她聪明地选了双简洁的黑色乐福鞋。这双具有收敛感的鞋子就是全身的留白，而我觉得这个留白是伦敦女孩儿搭配的精髓。

而巴黎人，早年给人的刻板印象就是永远一身黑。这几年虽然没有那么极端，但依旧被诟病爱穿基本款缺乏新意。其实我觉得她们拥抱的是另一种穿衣理念：**相对于靠衣服（作为一种语言）去表达自我，她们更在意身体是不是舒服，整个人的状态是不是足够松弛。**但这并不代表她们随便或者没想法，只是她们的疯狂都倾注在鞋子上了。走在巴黎街上，除了球鞋（因为功能性需求），从姑娘到老奶奶，一双鞋子完全能反映个人特色，千奇百怪，很少跟风。

无论是"伦敦队"还是"巴黎队"，都有值得借鉴的地方，关键就看我们更适用于哪种选鞋思路。拿我自己来说，过去的工作环境比较正式，每天都需要穿西装、半裙和衬衫，在衣服上是玩不出什么花样了，但鞋子尽可能会买精致耐看的款式，甚至会带些几何元素，让整体造型不出格却不至于太无聊。后来工作环境发生了改变，变得无拘无束，怎么穿都可以，我反而在鞋履的选款上低调保守了很多，尽可能往经典款靠，因为要把空间留给衣服和其他配饰。

所以，在下面分享我自己的鞋柜建议之前，希望大家都能够先想明白自己适合哪一种买鞋思路，这样才能辩证地看待下面的内容。

买鞋偏好
及个人建议

个人觉得买鞋最大的陷阱就是：稍不留神，买回来的所有鞋履都是——黑色的！

我知道很多人会说：我就喜欢黑色的鞋，酷！那太好了，直接可以跳过这一节，因为你对鞋柜的要求太素朴了。在喜欢的款式里面永远选黑色一点难度都没有，网购更是不操心。

可惜，黑色虽好搭配，却远远称不上百搭（除非衣橱只有黑白灰）。我理想中的鞋柜最起码要符合一个条件，即：**颜色、材质和款式都要具备较高的搭配灵活度。**

上一节也提到过选鞋思路，我是偏向于"买鞋搭配衣服"的类型，所以不太会看到喜欢的鞋就买，而是会仔细分析一遍衣橱和鞋柜，看看具体缺哪几双鞋。

考虑到搭配，在选鞋的时候，**颜色**永远是放在第一位的。在确定需要的颜色之后，我才会考虑**款式**。其实当我在考虑买什么鞋款的时候，脑中肯定已经有几套想要与之搭配的造型了，那么**将要与之搭配的半裙的长度、裤子的形状、大衣的轮廓**等等都是选鞋款时会反复斟酌的地方。

放在第三位的是**材质**。我发现很多人买鞋的时候对材质并不敏感，其实相同式样的一双鞋，亮面牛皮和哑光麂皮呈现的效果截然不同。材质有时比颜色更能左右风格，购买时也需要仔细考量。

当然，材质和价位，两者往往是结合在一起做判断的。我的鞋子最贵的超过一千美金，最便宜不到二十美金，价格差距很大是因为我并不觉得每一双鞋都要买最高级的，毕竟市面上大有一些好穿又便宜的鞋，可能材质并不顶尖，也不是手工的，但日常随便穿穿省心又省力。

除了上述优先级，我在选色和选款上也有一些偏好，虽不一定适用于所有人，但也希望能够给大家提供一些思路。

秋季色调和低饱和色

苔绿、橄榄色、赭石、奶咖、砖红、藏蓝、姜黄……这几个代表秋季色彩的颜色，是堪称任意排列组合都不会出错的经典色，可以轻松搭配秋冬衣橱里那些色调温暖的毛衣或者大衣。而低饱和色可以理解为一些带有明显灰度的颜

色，比如灰粉、灰蓝、灰绿，相对于饱和度高的红绿蓝，肯定会更容易和衣橱大部分单品搭配。

拼色

在男士鞋履的世界，拼色鞋一直是经典，算不上流行，但是近年来女鞋的世界好像真的很流行拼色款。我自己一向喜欢拼色，因为**多一个颜色就能多配一身造型**，撇开是否流行，这是一个非常实用的点。不过一般**双色拼色会比较好搭配，超过三色就有些花俏了。**在选择拼色鞋履的配色时，其中一色是黑色或者白色的话搭配难度会比较低，其他的拼法比较考验搭配技巧。

麂皮

材质方面，除了传统的光面牛皮之外我个人非常喜欢麂皮，低调好搭配。
且相同款式下，麂皮会显得脚比较小巧。如果你身着比较光亮的面料，比如丝
绸或者闪片，一双低调的哑光麂皮鞋履"压"在脚上，就会显得整个造型张弛
有度。很多人对麂皮鞋心有余悸，觉得脏了很难清洁。其实现在有很多鞋用的
防水喷雾和麂皮专用清洁剂，只要日常护理得当，麂皮也并没有那么娇贵。

尖头

当然，有些鞋款是需要圆头才对味的，但若是遇上尖头圆头都可的鞋款，
我个人会更偏向于尖头。尖头鞋会看起来更犀利一些，并显得脚形更窄。用黑
色尖头靴搭配黑色裤子，还可以巧妙的拉腿长。不过我并非鼓吹那种极尖的鞋
头，个人觉得尖中带圆应该是最容易穿好看的，又不会挤脚。

5
Five
⑬

春夏必备的
八双凉鞋

　　学生时代我是一个大夏天也会穿靴子的人，而且非常不喜欢露脚趾。但近几年变了，觉得凉鞋有凉鞋的好：**微微露肤非但显得比较有女人味，也能恰到好处地打破下半身沉闷的大色块（就像是画布上的一点点留白）。**所以现在我由一个原本盛夏也穿靴子的人，变成了秋天也会时不时穿凉鞋的类型。

　　既然要写凉鞋，就要给出我的定义。我自己觉得露出脚趾或脚跟的都可以算是凉鞋。接下去会按照"5双基本款 + 3双进阶款"的顺序，并结合"日常""度假""约会"三种不同场景逐一讨论。

◤1 尖头穆勒鞋

日常 | 约会

　　穆勒鞋虽然易走易搭配，但若选款不慎容易显得笨拙。我个人觉得好看又好穿的穆勒鞋要符合三个条件：

　　<u>1. 尖头或者方头。</u>圆头穆勒鞋有点可爱，一些女生搭配碎花迷你裙能穿出

少女感，但对于大部分人而言，还是很难穿好看。而尖头或方头的穆勒鞋有助于修正这个鞋款笨拙圆润的感觉，也会显得脚形比较秀气。

　　2. 平跟或低跟。过高的穆勒鞋就失去方便行走这一重大的优势了。考虑到实用性，还是平底或者低跟会比较好。

　　3. 鞋口不要过浅。我见过很多穆勒鞋的鞋面开口刚好在卡在脚掌最宽骨节突出的地方，走起来会严重压迫关节，所以建议大家选择鞋面刚好裹住脚掌最宽处的穆勒鞋。

　　我自己有两双穆勒鞋，一双黑色尖头小羊皮平跟，另一双是奶油色方头低跟的。两双穿着率都极高，买了很多年了，到现在也尚未厌倦。

■2 白色极简凉鞋

日常｜旅行

　　如果想要一双穿着舒适，存在感又低到可以配任何春夏服饰的凉鞋，那在我的鞋柜里白色平底凉鞋就是代表。夏季出门旅行我也会穿它，非但舒适，在风格上也几乎可以和任何具有热带风情的场景搭配。

　　推荐白色也并非随意之举：当"小白鞋"在春夏看起来太闷热的时候，小白凉鞋可以继续小白球鞋的搭配使命。在选款方面，我觉得越简洁，存在感越低，搭配度就越高。另外，一定要将舒适度放在第一位。个人不推荐人字夹脚款或者是大拇指有个圈圈的鞋款，长时间行走的话不够舒适。

3 宽交叉带粗跟凉鞋

日常

如果你不算很高，脚宽，腿也不是很细，那么宽交叉带粗跟凉鞋肯定会是你春夏最愿意每天穿着的那一双。宽交叉带的设计可以自然地将宽脚收拢，显脚形立体，而且也不勒脚丫。

这种类型的鞋本身不算是纤巧型，必须带点低跟，其中小方跟和鞋面的设计最合。另外，正因为这种凉鞋好穿又朴素，若想要体现一些高级感的话，还是得靠材质和工艺。说起来皮面是最经典的，有些编织皮的宽交叉带凉鞋则更添复古味。但如果你觉得皮面交叉带凉鞋略显老气的话，可以选择更加"清新"的材质。我自己有一双帆布面的宽交叉带凉鞋，轻巧好走，恨不得买一囤一，每次穿都想着万一有一日穿坏了该怎么办才好。

4 黑色一字带凉鞋

日常|约会

黑色一字带凉鞋也是夏季百搭，尤其是它极简的风格，和非常前卫或者非常传统的服装都能很好地融合，更别提日常基本款了。而**黑色一字带凉鞋的灵魂就在于：这根一字带要细。一旦这根"线"变成了"面"，搭配效果和美感就降低了90%**。另外，由于鞋面的受力都靠这细细的带子，我建议鞋跟要选稳固一些的。像好莱坞明星很爱穿的那种极细极高跟的黑色一字带凉鞋，真的只能站在红毯上拍个照。我自己在专柜试过，简直一步也跨不出去，毫无安全感可言。

▬▬ 5 草编底凉鞋

日常|旅行|约会

　　一双草编底凉鞋 (Espadrilles) 算是夏天的必备，有多好搭配我就不赘述了，具体说说怎么选款吧。首先，如果对身高腿长不是很有自信，那么选带点跟的草编底凉鞋会比较合适，但不要买太高的，不好走路不说，侧面看起来会特别像马蹄。尤其腿细的人，看起来比例严重失调。

　　再者就是颜色，我比较喜欢经典草编配黑色或藏蓝帆布的组合，好配衣服没烦恼。

　　草编底凉鞋一般都是有绑带设计的。宽带舒适但显脚踝粗，细带略勒脚踝但显脚踝细，这其中的分寸要靠大家自己把握了。不过我平时最常穿的还是一双无绑带的草编底凉鞋，除去了烦琐的细节反而更好搭配。

　　最后，不少草编底凉鞋就是……很实诚的草编底，没有加别的底了，别说雨天了，地面略有些潮湿都不能穿，所以我自己会选加了防滑牛筋底的鞋款。

* 1—5 是基本款，接下去的这3双则是进阶款，可以有，但没有也不影响春夏的搭配。

➏ 猫跟 Slingbacks

日常 | 约会

我知道每个女生无论是工作还是约会，都会有一双基本款高跟鞋。这种全包式的高跟鞋被大家公认为鞋柜必备，对此我没意见。但是我觉得更有风情的替代品其实是露跟鞋（Slingbacks）。将后跟露出来一点就没有那么无趣了，不是吗?

细跟配合略微尖头的 slingbacks 最耐看。颜色方面，低调点的黑色、深蓝色是不会错的，甚至上班也可以穿，我因为黑色鞋实在是很多，就买了红色，会用来搭配一些严肃套装，也会配九分裤和牛仔外套。我很推荐猫跟 slingbacks，细巧精致，走起来比较舒服，在搭配方面也不怎么受限。

7 中跟鱼嘴凉鞋

日常 | 约会

之前我对鱼嘴鞋一直抱有一种说不清道不明的感情：一方面觉得它好像有点性感，一方面觉得几个脚趾从一个洞洞里挤出来有点怪怪的。有些女孩穿鱼嘴鞋很好看，而有些看起来就严重缺乏美感。然而最近终于想明白了：不是鱼嘴鞋都不好看，而是难看的鱼嘴鞋太多。

最难看的鱼嘴鞋就是厚底鱼嘴鞋。鱼嘴鞋本身就需要纤巧感来维持，加个"蹄"显然是行不通的。还有，绝对不要买跟太高的鱼嘴，否则脚趾会不受控地奋力从洞洞里挤出去……

另外，我觉得太过于平实的鱼嘴鞋并不是那么耐看，在配色或者皮质上有些小心思会比较值得投资。我自己这双是牛皮的，但做了鳄鱼皮压纹，觉得比光版要耐看些。

■ 8 淡金色凉鞋

日常|约会

可能很多人都不曾考虑过金属色凉鞋，觉得太前卫了。其实淡金色是非常好穿的颜色，不应该被忽视。不要觉得人家金金的很不接地气，实际上淡金色和肤色融合得很好，又显白（注意，是淡金色！不要买那种"大黄鱼"色）。不过淡金色的凉鞋也有选鞋诀窍，就是一定要有比较大面积的露肤度，否则会像脚背上贴了两面反光镜，可就起不到衬托肤色的功能咯。

最后，无论你喜欢上述哪一双，一定要保证它足够好穿。凉鞋一般都是光脚穿的，不像秋冬鞋款，隔了层袜子，耐受度会提高很多。凉鞋若是不够舒服，基本就束之高阁，再也不会穿了。

四双英伦范儿
必收的鞋

这节灵感来源于某年秋季整理鞋柜的经历:把不要的鞋丢了,把基本不穿的那些拍了照片挂去 ebay 卖掉,然后细细分析了一下,发现无论走的是什么风格,总有那么几双鞋以其高搭配度和实用性牢牢占据我鞋柜榜首,巧的是它们基本都是起源于英国的鞋子,且大部分都是从男鞋演变而来的。相信平底鞋爱好者会非常爱它们,因为每一双都经典时髦又非常好走。

有一些关于鞋的"名词解释"经常被滥用,导致大家对于不少鞋子存在误解。在介绍鞋型之前有必要先给大家解释一下,相信在买鞋的时候也会经常看到这些词:

1. Brogue: 这个词原先形容土萌的"爱尔兰口音",但是用来形容鞋子有两种解释:A. 鞋子上的雕花装饰;B.带有这种雕花装饰的鞋子。很多人会认为 Brogue Shoes等同于Oxfords,这是错误的。带有雕花的鞋子都被笼统地称为 Brogue Shoes。说到 Brogue,就要说到它的3个最基本的款式:A. Full(全雕花);B. Semi(半雕花);C. Quarter(1/4 雕花)。

全雕花

半雕花

1/4雕花

很多人好奇鞋头上这个复杂的雕花叫什么，其实就叫"Medallion"（徽章）。现在有很多不同的雕花款式，并不一定和我给的图一模一样，所以具体是全雕花、半雕花还是1/4雕花，一是看介绍，二是看雕花分布。一般而言，全雕花一定有这个 Medallion，1/4雕花一定没有。而1/2可以有也可以没有。

2. Plain Toe v.s. Cap Toe v.s. Wingtip：这是三种不同的鞋头设计，Wingtip 就是有翅膀一样弧形的鞋头设计，而 Cap Toe 一般就是一条分割线，Plain Toe 则是光版。

PLAIN TOE

CAP TOE

WINGTIP

很多人认为 Wingtip = Full Brogue （全雕花 Brogue 鞋）。这在以前是成立的，但是现在很多1/4雕花或者半雕花的 Brogue 鞋都会有 Wingtip 的设计。

简单了解了这些名词以后，我们就能够知道这些只是鞋子的元素，和鞋型的分类没有关系。接着从我最常穿的牛津鞋 (Oxfords) 和德比鞋 (Derby Shoes) 说起吧。

牛津鞋 v.s. 德比鞋

常见的牛津鞋都是带雕花的，而常见的德比鞋都是光版的，这导致了很多人误认为：花里胡哨的就是牛津鞋，素面朝天的就是德比鞋。其实这两款鞋真正的区别在于鞋带系统 (Lace System)：

牛津鞋是闭合式鞋带系统 (Closed-lacing)，而德比鞋是敞开式鞋带系统 (Open-Lacing)。

闭合式鞋带系统

敞开式鞋带系统

　　说起来很悬乎，其实区别就在于：**牛津鞋的鞋带洞眼是直接打在鞋面上的，而德比鞋的鞋带洞眼是先打在独立的皮革上，再缝在鞋面上的。**系鞋带的时候，牛津鞋倾向于"一"字形系带方式，而德比鞋则普遍使用交叉系带的方式。

　　相对于牛津鞋的学院气息，德比鞋是19世纪贵族打猎和运动时会穿的鞋子，虽然现在你爱怎么穿都行，但是理论上德比鞋的正式度一般在牛津鞋之下。这个先入为主的概念也影响了当代的鞋匠们：做牛津鞋的还是以传统牌和定制牌为主，而德比鞋这个鞋型则颇受一些先锋牌的喜爱。

　　我觉得比较理想的配置是一双棕色的牛津鞋以及一双黑色德比鞋，如果你只想买一双，我觉得德比鞋反而适合绝大部分日常场合。

乐福鞋

　　乐福鞋 (Loafers) 虽然是在美国文化中被发扬光大的，但是它的出生地是在伦敦。第一双乐福鞋是 Raymond Lewis Wildsmith 发明出来的，所以第一双乐福鞋就叫 Wildsmith Loafer。好消息是：这个品牌现在还健在，如果你想买一双最正统的乐福鞋可以搜索：Bloomsbury Loafers From Wildsmith。坏消息是：他家不做女鞋。

　　看到一些文章硬要把乐福鞋和"一脚套"（Slip-on）区别开来也是蛮搞笑的，因为乐福鞋其实就是 Slip-on 的一种。一开始作为居家鞋而被发明出来的乐福鞋在美国被发扬光大后，发展出了3种比较主流的款式，比如：

1. Penny Loafer： 据说是因为鞋面的设计能放进"一便士"（One Penny）而被命名的，适合打造学院风。

2. Horsebit Loafer： Horsebit 乐福鞋头有一个马鞍佩，曾经风靡华尔街，是打造职场精英形象的基本款。

3. Tassel Loafer： 相对于前面两种乐福鞋，这种带有流苏的 Tassel Loafers 则更多地用来搭配正装，并且在商界和法律界颇受欢迎。

PENNY LOAFER　　　HORSEBIT LOAFER　　　TASSEL LOAFER

男士选鞋的时候受场合和身份的限制较大，相较之下反而女性选鞋的容许度大了许多，只要你自己喜欢就好。我自己比较偏爱简洁的 Penny Loafers，无论正式还是休闲场合都可以穿，简单又舒服。

相对于牛津鞋和德比鞋，乐福鞋可以露出更多脚背，如果整体穿得比较严实的话，换一双乐福鞋能够让整体造型透口气。

孟克鞋

根据名字也能猜到孟克鞋（Monk-Strap Shoes）肯定和欧洲僧侣（Monks）有关，这个孟克鞋其实就是在他们日常穿的凉鞋款式上进行改造的。我们现在所说的孟克鞋是一种没有鞋带、鞋面有侧扣（可以是单扣也可以是双扣）的皮鞋。穿这种鞋子的人不太多，但是我非常喜欢，因为足够特别。孟克鞋也被认为是比全雕花牛津鞋更休闲，但比德比鞋和乐福鞋更加正式的正装皮鞋。

孟克鞋虽然也是男鞋出身，但是我觉得更适合女生穿，尤其是配百褶裙和九分裤。在选款的时候，我有两个小建议：

1. 这种鞋子的确会显得脚有点长，如果本身脚不小、个子又不高的话，在选孟克鞋的时候得好好比对比对，或许单扣的孟克鞋会比双扣的更适合你。

2. 选择略带雕花的款式，比如 Semi Brogue Monk-Strap Shoes 能够提升孟克鞋的精致感，又不会太难搭配。

单扣孟克

双扣孟克

5
Five

五双经典款
秋冬女靴

　　我自己很爱穿靴子，也会买一些非基本款，比如蟒蛇纹、铆钉等等，但穿得最多的肯定还是经典款。如果你想要精简鞋柜，一般备两双最基础的踝靴，颜色一黑一棕，就足够搭配整个秋冬衣橱了。但如果想要更为进阶的鞋柜，那我推荐下面五双。

 切尔西靴

　　很多人想起切尔西靴（Chelsea Boots）就会和20世纪60年代英国的 Mods 风潮联系在一起，其实这个靴型在维多利亚时代就已经是热门款，它是维多利亚女王的鞋匠发明的。当然它一开始不叫 Chelsea Boots，仅仅是笼统地被称之为 "Elastic Ankle Boots"（弹力踝靴）。后来切尔西靴在一战时期流行了一遍，在20世纪60年代又火了起来，直到现在都没有退烧。

一双切尔西靴应该长什么样？即便出了再多改良版本，也必须满足两大元素：① Elastic Panel（松紧带）；② 鞋帮高度在脚踝附近。很多人说切尔西靴又称 Beatles Boots，其实不准确，以披头士乐队（即甲壳虫乐队）命名的、鞋形偏窄的切尔西靴才叫 Beatles Boots。

严格意义上来说，Chelsea Boots 应该是平跟或者低跟的圆头踝靴，但是我自己买了一双中跟、弹力片在后跟的非传统款式。

▰▰▰ 2 巴莫洛短靴

如果除了切尔西靴，还需要买另一双靴子的话，我强力推荐巴莫洛短靴（Balmoral Boots）。有别于切尔西靴，它是绑带设计，和同是绑带短靴的马丁靴相比，鞋形又更为优美秀丽。

巴莫洛短靴这个靴子的名称可能听起来有点陌生，但你可以把它理解为牛津鞋的踝靴版本。除了鞋和靴的分别之外，它享有和牛津鞋一样的闭合式鞋带系统。当然，一双传统的巴莫洛短靴通常还有以下几个特征：

1. 鞋身分为两个部分，有平行于鞋底的缝合线将两部分缝起来。这两部分的材质可以相同也可以不同。

鞋带的两侧有缝合线

鞋带洞眼的数量为6—9个

有平行于鞋底的缝合线

2. 鞋带的两侧有缝合线，但是鞋带系统是闭合式的，与牛津鞋一致。

3. 到脚踝的高度，鞋带洞眼的数量为6—9个。

这个鞋型也诞生于维多利亚时期，最早是为阿尔伯特王子设计的户外鞋。虽然也是男靴起源，但我觉得女生穿比男生穿好看，原因是男士一般配正装裤，会遮住鞋帮别致的设计，而女生则百无禁忌，大可露出一部分鞋帮。

巴莫洛短靴和普通系带短靴 (Lace-up Boots) 在搭配方式上其实没有太大的区别，但是前者因为带着一些维多利亚时期的风格，更适合配中长款裙子或者外套，尤其是富有质感的羊毛或者麻料。当然，配裤子也妥帖。

■ 3 手套靴

　　手套靴 (Glove Boots) 听起来怪怪
的，其实就是指软皮、紧贴脚形甚至能够
隐约露出脚趾形状的踝靴。因为这种靴
子的质感像是皮手套，所以被称为手套
靴。我早年觉得这种靴子可能会有两个弱
点：① 皮太薄，容易坏；② 正因为皮质
柔软，塑形能力弱，走路的时候脚容易移
位，走路会很吃力。但后来不敌其美貌，
还是买了一双，是一个欧洲新晋鞋牌。这
双鞋做得就非常好，将手套靴的优势都发
挥了出来：

　　1. 因为皮质细软，所以自重真的非常
轻，走起来路来轻巧无比，这点在我看来
非常关键。

　　2. 一般手套靴都会偏紧以包裹住脚，

使得走路时脚不会空落落地在靴内移位。但由于皮很软，即便裹紧也不容易磨脚。

　　3. 还是因为皮质柔软，旅行的时候可以折起来，相比别的靴子而言不占行李的空间和重量。

　　4. 因为整体紧紧地包裹在脚上，手套靴相对别的硬皮靴要显脚小，显脚踝纤细。

　　当然这个是建立在一双好靴的基础上，如果设计和制作本来就不行，那一切都无从谈起了。

■■■4 中筒马靴

　　近年来中筒马靴就没有真正流行过，但这不失为一件好事，毕竟同样美貌的单品，罕见一些的，总是新鲜感足一些。之前我对中筒马靴一直停留在"配裤子穿很帅气"这个层面，直到有一天看到一张照片，女孩拥有棕色微卷的长发，着一件基本款白T恤配丹宁布背带裙，下面穿了双棕色马靴，我一下子觉得：天哪，真的很少女，而且很特别。

　　开始留意这件单品之后就发现它的可塑性真的很强，也有姑娘用马靴搭配麂皮半裙和松织毛衣、荷叶边衬衫配围裙、印花波希米亚长裙，或者灯芯绒七分中裤（将裤腿塞进靴筒）……总之花样百出，个个不落俗套。

关于马靴的选择，我比较喜欢简洁、不过分贴合腿形的设计。老式马靴的金属件太多会显得过分粗犷；但曲线明显，着意修饰腿形的马靴又有点刻意，缺乏马靴本身潇洒随意的感觉。颜色方面，我个人觉得棕灰色最好搭配，深棕色和黑色也可以，具体看自己衣橱来做配置。材质方面，麂皮的存在感低，也没有光皮那么具有膨胀感。

5 Jodhpur Boots

如果上面这些靴型你都有了，那么我推荐一双非常冷门的踝靴——Jodphur Boots。它也是一双非常老的靴子了，诞生于1900年左右，最早是为了代替贵族骑马时穿的长筒马靴，但发展至今，即便是老派运动鞋，也并不会显得太过休闲。一双味道正宗的 Jodphur Boots 应该至少要拥有以下几个细节：

1. 及踝的靴筒高度。

2. 鞋面由前后两片皮拼接缝制。

3. 有交叉绕脚踝的皮带，且配以侧扣。

目前做这个靴型的品牌非常少，一般不是奢牌就是定制牌，我个人很喜欢

及踝的靴筒高度

有交叉绕脚踝的皮带，且配以侧扣

鞋面由前后两片皮拼接缝制

Saint Laurent 设计的麂皮 Jodphur Boots，穿长裤可以露出侧面的皮带扣，竟然有一点点摇滚味。但还有一些 Jodphur Boots 则偏优雅，拥有中跟和修长的线条，配一条简单卷起裤腿的赤耳牛仔裤就很出彩。其实踝靴的选择真的非常多，**我个人比较喜欢选择冷门经典**（比如这双 Jodphur Boots 以及之前所说的 Balmoral Boots），**或者索性没有任何流行元素的百搭基本款**（比如简单的手套靴或者切尔西靴）。**这样的靴子不易过时，值得投资。**

5

Five

⑥

帆布鞋的
迷之魅力

如今好像什么品牌都在出帆布鞋，但从初中开始我买得最多的就数
Converse（匡威），保持穿坏一双立刻再买一双的状态，总之鞋柜里决不能
没有一双匡威。匡威远算不上最好的帆布鞋，但很多时候，偏爱往往未必因为
完美。匡威有很多缺点，质量是最常被诟病的一点（否则也不会穿坏那么多双
了），但我依旧喜欢它那种漫不经心的气质——不追时髦也永远不担心会过时。

太早以前记不清了，上一双穿坏的是 Converse x John Varvatos 黑色低帮
款，有非常好看的做旧，当然价格也很好看。然而我先生一直不太看得上各种
合作限量版，在他心里，超过100美金的 Converse 都缺乏车库精神（Grunge
spirit）。我不置可否。所以最近买的一双匡威是很容易买到的CONVERSE
CHUCK TAYLOR ALL STAR 70s。

先说说为什么不要买普通版本的黑色 CHUCK TAYLOR ALL STAR，原
因有三：

1.经典款复刻的70s的确比普版好看。

2.70s的底非常舒适，虽然对脚掌的支撑不能和专业跑鞋媲美，但旅游时暴

走一下完全没问题，也有专业健身教练会推荐大家在"举铁"时穿匡威。而普版 All Star 我是不敢暴走的，一天下来脚底心超痛，这也是为什么我说匡威是最好走也最难走的鞋，关键看你买哪一款。

3. 做工提升，没那么容易脱胶，帆布也加厚了。总是现在要穿坏一双70s倒非易事了。

这双 CHUCK TAYLOR ALL STAR 70s有三个颜色配合两种鞋帮高度，共六款。我觉得黑色是最好配的，而高帮对腿形的要求则比低帮鞋低很多。

低帮的匡威从正面看会显得脚平，加上裤腿刚好囤积在脚踝处的话会显得极不利索。而高帮直接可以把裤腿束进去，利索又显脚踝细。还有，低帮容易暴露腿部缺点（比如脚踝不够细），而遮住脚踝的高帮匡威则更能修饰腿形。

在搭配方面，日系杂志给了我们很多灵感，可以说没有匡威不能搭配的造型。平时这双鞋的穿着率对我而言也极高。

The
Secret
of Styling

配件

太重的包千万别买，
因为每次出门
你总会故意遗忘它。

选包
四法则

①　真的真的，要想好自己缺什么包再买。这不是钱的问题，是对品味以及物品的尊重

我承认自己喜欢买包。但个人对衣橱的驾驭能力是有限的，很多东西藏入衣橱最深处之后，就再也无法见天日了，这件物品也失去了它的意义。——这也是我每次买东西之前会提醒自己的话。

②　连包纸巾都装不下的包真的别买

有段时间很流行迷你包，很多品牌都做了爆款包型的迷你版本。可惜并不是每一个包都能不动脑筋地做成小号，充当只能装一管唇膏和一块粉饼的晚宴包。

我觉得大部分情况下，包就是"家"的一个随身版，必须得装得下那些你时刻要用的东西：手机、钥匙、纸巾、眼镜、润唇膏等等。勉强塞得下一块小手绢的那种包，对大多数人而言不知道哪年哪月才有机会背上一次。

总之，完全没有必要为了赶时髦去买之前流行的 Mini Bag，这显然是品牌为了赚钱而故意制造的一场风潮。时尚行业的歪风太多了，我们得够清醒，才不至于变成时尚受害者。

3 太重的包千万别买，因为每次出门你总会故意遗忘它

光是这一条我自己就中过……两次。第一次是为了给笔记本配一个好看一点的电脑包，我选择了一款纯手工打造的全牛皮电脑包。然后兴奋地把 MacBook Pro 及电源装进去以后……单手居然一下没提起来。

第二次是流行大 Tote 手袋那会儿，我也买了一个纯牛皮的，本身就挺重还不知不觉装了很多东西，背得肩膀都勒红了。后来尝试少放点随身品，虽然没这么重了，但就这点东西我要背这么大个包干嘛呢？从此以后，对于过重的包，即便再好看，我也忍住不买。

4 大部分金属件明显的包包真的容易显旧、过时、难搭配甚至显得俗气

我身边很多女生买到了 Dream Bag 之后的反应不是欢天喜地每天都背着，

而是很快厌倦了，开始对新包展开另一段单恋。

　　其实也不怪大家，因为有些包真的很容易过时。这些包在买之前觉得有一千种搭配法，拿到手才发现风格太强不好搭配。我研究了很多遭到冷落的包，得出了一个买包终极要义：别买金属件过分明显的包！明晃晃的金属件太硬太过耀眼，很容易导致搭配受限，还特别沉。况且到底选银链子还是金链子这个问题会永远困扰着你。

　　我有一只棕黄色羊皮小肩包，同时带有金色和银色的链子，相对还好一些，毕竟衣服上有金色或者银色都还是能搭配一下，况且链子比较细，又是做旧的处理，不会太耀眼。但即便如此，平时也真的很少背。

　　回看我自己背得最勤的几只包，没有一条踩到上述四条法则所提到的雷区，至于它们是什么？在下一节里面会给大家一个清单。

Six

女包
配置建议

　　包袋原本是装饰性多于功能性的一件配饰，但如今现代女性需要应对不同的生活场景，在买包的时候我还是建议多考虑功能上的细分。我自己平时最常背的五只包其实都是偏重功能和实用性的。

1 波士顿包

　　个人很喜欢波士顿这个包型，够大，可以放很多东西，无论是上班还是短途出差，比托特包好背，比帆布包正式，但兼具两者的功能。我自己有一个略微做旧的棕红色波士顿包，跟了我很多年。

▇2 可以装得下电脑的托特包

如果平时需要带着电脑外出，我会背这只大托特包（Tote），它用了轻质牛皮和毛毡拼接，整体比普通全牛皮的托特包要轻很多，而且还配了宽肩带，背个 MacBook 和电源简直毫无压力。很多人可能觉得这种桶包没有分隔放东西不方便，我倒不以为然。去网上买个分隔内胆，需要的时候装上，不需要的时候就拿掉，使用起来更灵活。

▋3 微复古肩包

　　太过复古的包款很难和现代人的衣橱结合，但微复古款依旧很好搭配。可能仅仅是一个搭扣的设计配上简洁的线条，就可以打造一个微复古的包。这种微复古肩包搭配秋冬英伦风天衣无缝，即便是夏季配上度假风连衣裙都不会突兀。所以我自己有两只，一黑一棕，基本满足所有搭配需求。

▉④ 编织篮

　　无论是草编、棉线编织还是皮编织，一只轻松随意的编织篮可能是你衣橱里最容易搭配的单品之一。它可以和任何度假造型融合，也能够给严肃的造型带入一些松弛感。而且这种编织篮自重轻，容量大，只要自己做好物件分隔，它可以是一个非常实用的包款。

▃▃5 帆布袋

　　帆布袋实在是一个非常有趣的存在。有一天堵在纽约中城（Midtown）无聊得很，我就观察路人。发现无论男女，90%以上的年轻人都背着帆布袋。每个人的帆布袋其实都在不经意中展现了一部分自己，比方说喜欢阅读的人多半背着书店的帆布袋，喜欢音乐的人会背着音乐厂牌的帆布袋，而有些人背着印着有趣句子的帆布袋。小小一个帆布袋是他们的个性、喜好和态度。我自己在城市暴走的时候几乎都会背它，因为实在是太轻巧。有时候背皮包，也会在里面塞一个帆布袋，以备不时之需。

　　我最常背的一个帆布袋来自 Daunt Books，也算是书店帆布袋的当红款了。有时候急着出门来不及细致地理包，就会把电脑、充电线、书、苹果、1L装的水……就这么一股脑地随意丢进去，从不用担心它会坏，实在是最结实的帆布袋！而且它有一个暗格，可以插手机，或者是新买来的花，防止被包内物品压坏，真是贴心。

　　其实当你拥有这五个包款，生活中大部分情况都足以应付了。当然也可以为了新鲜感和一些独特的搭配思路而购买新的包，但别忘了在买包之前回看上一节哦。

6
Six
03

一根腰带
拯救
整个衣橱

其实根本不存在什么会不会扎腰带（谁都知道除了防止裤子掉下来之外，腰带就是调节比例用的），关键的关键是**买对款**。作为一个买过几十根腰带的人，我从中总结了三种基本款腰带，尤其是第二种，如果能买到的话一定不要错过，实在好用！

细腰带　　　　　中间收窄型腰带　　　　粗腰带

▉ 长款细腰带

选细腰带这种老生常谈的问题我还是要说说自己的经验：

1. 宽度最好在1.5—2.5cm，不能再粗啦！网购的时候一定要看清楚宽度再下手。

2. 皮质要够柔软，长度要够长，这样才能随心所欲地打结拗造型。

3. 黑色固然不会出错，但有时候酒红色、裸色和橙棕色等能够迅速提升摩登感，尤其适合黑白灰衣橱。

长款细腰带特别适合搭配轻薄柔软的衣服，比如夏装或质地偏薄的针织衫和外套。另外在系腰带的时候，腰带尾端垂下的部分最好长一点，才能从视觉上拉长下半身比例。

2 中间收窄型腰带

这种腰带英语叫 Tapered Belt，就是中间收窄、两边较宽的款式（当然最宽的地方也在2.5cm以内）。之前介绍的长款细腰带唯一的缺憾是：箍不住厚衣服。但这款从薄款到厚款，配裤子、大衣、毛衣、裙子简直无所不能！且两边宽中间窄的设计会从视觉上显得腰围更小。

3 基本款宽腰带

这里我们讨论的是 2.5—4cm 普通宽度的腰带，毕竟那种夸张的西部牛仔风宽腰带真的不算百搭。对于日常衣橱而言，超过4cm的腰带就并非基本款了。

这种2.5—4cm的宽腰带看起来虽没有上述两款腰带特别，但绝对是不可或缺的单品：

1. 上衣束在高腰牛仔裤里，裤腰再束一根皮带会明显拉长腿部。若再能配双小高跟的话，我想你会开始敬畏自己的腿。

2. 配冬天的厚大衣再好不过了。虽然第二款腰带也能配，但要在大冬天厚重的层次外面努力箍出一个腰身，终归还是宽一点的腰带有力。甚至有时候外套、毛衣、围巾，可以一起用皮带"控"住！另外假设你有裹身大衣的话，也可以尝试用宽皮带代替原配的腰带，浴袍感瞬间会弱很多。

最后友情提示：身材整体都比较丰满的女性尽量不要尝试腰带，或任何腰带形状的东西，尤其是宽腰带。建议选择剪裁流畅且略收腰的衣服来修饰腰部曲线。

6
Six

04

秋冬的
最强配饰

在我心里，围巾是秋冬最强配饰，没有之一。最重要原因是它在秋冬两季的合理性。

"合理？"

"是的。"

看上去再华而不实的围巾，多少总有增添暖意的视觉效果。随便围上什么围巾，即便精心搭配过，也很少会显得过分造作。相较之下，别的配饰在秋冬倒很可能会有画蛇添足之嫌。

然而每到戴围巾的季节，各大媒体似约好了般的疯转"100种围巾的系法"，在此我就不赘述了，毕竟学会了这么多戴围巾的方法，围巾丑或者不会搭配也没用。

这里就系统讲讲到底怎么搭配围巾才能够拯救无聊的秋冬衣橱，让你随便甩根围巾在脖子上就时髦过人。首先从实用的角度说说怎么戴围巾最暖和。这里介绍三种方式，同时兼顾了保暖度和时髦度。

1. 用大围巾灵活调节保暖度

从保暖的角度而言，我最喜欢将一大张羊绒围巾（可以当披肩的那种）披在不怎么暖和的外套外面。不暖和外套的代表我首推：皮夹克。

10—20℃的那些日子里，我会密集穿皮夹克。但往往中午出门刚好，太阳一落山就会冷。这时我就会拿出巨大的羊绒围巾把自己裹住。别小看这么轻薄的一层羊绒，和皮夹克组合在一起就是"保暖 + 挡风"的王牌组合。

这种大号羊绒围巾的另外一种用法是在天更冷的时候"穿"在大衣里面。具体穿法就是在毛衣外面直接披上大围巾，然后再穿大衣。类似于开衫加冷暖的作用，但比开衫更灵活。记得以前读大学时教室没有空调，上半身倒还行，但腿很容易冻僵，这时我就会把本来披着的大围巾脱下来盖在腿上。

2. 集中裹住脖子保暖

还有一种保暖且时髦的搭配方法就是：选择一条中等长度的棒针围巾，把自己的脖子整个绕起来。这种戴法有三个好处：① 显脸小；② 不显矮；③ 有点可爱。但是有一个注意点：不要选太宽的围巾，而且织法尽可能要松一点（这也是棒针围巾的优势），否则一圈圈缠起来保证有种扭了脖子的效果。

3. 用小方巾填满脖子空隙

这种保暖的围巾戴法你可能会觉得不可思议，其实小方巾，即便是丝棉的，只要把脖子遮起来，总比敞开暖。所以春天戴的棉质、丝质小方巾在冬天也可以戴：塞在衬衫领子里面，或者系在圆领上方。当然，也可以叠戴别的大围巾加持暖度。

介绍完最实用最暖和的三种围巾戴法，接下来讨论一个进阶话题：如何用围巾玩转配色。其实用围巾玩颜色是最不费力的方式，即便一身黑白灰，无聊到自己都看不下去，只要围巾配得好，一样很有看头。从简单的配色方式开始说起。

1. 用围巾呼应服装颜色

这是最简单的配色方式：用围巾呼应身上的另外一个颜色，使颜色之间产生关联，从而使整体配色看起来和谐。这种呼应配色法太简单，相信大家都会，就不多说了。值得注意的一点是：一般而言，用围巾呼应饱和度比较低的单品成功率比较高。假设浑身色彩都比较素雅，但鞋子的颜色非常出挑，那我不建议围巾的颜色和鞋子的颜色一样。若非高阶的配色达人，一身有两个以上非常出挑的亮点，是很难使整体配色达到平衡的。

2. 用围巾来帮助"打"底色

以前凡是聊到配色，我总会强调一下色彩配比。**有句话说：一身颜色不要超过三个。听起来教条，其实是为了降低色彩面积分布的难度。**

一般构成全身两个颜色的方式是：上衣一个颜色，下装一个颜色。这种典型的1∶1配色有问题么？没有。只是很古板。

然而用一根和上衣同色系的长围巾，打破下半身的大面积色块，从而打破原本1∶1的配色，使上衣和围巾色成为整个造型的底色（因为占比高）。如此一来，裤子的颜色倒反而是点缀了，虽然这一身依旧是两个颜色，却没有那么呆板了。同理，围巾色也可以选裤子的相近色。

另外，灰色是一个万能打底色，因为很多低调的颜色都带有比较高的灰度，配合灰色系围巾就能做大面积的打底。

当然，能够帮助打底的围巾不一定都是纯色的，驳色款一样可以，而且驳色因为含有多个颜色，有时候不但能帮助打底，还可以达到色彩呼应的效果，简直一举两得。

3.用围巾提亮整体配色

这个方法说简单是最简单的，说难也最难。很难客观地去评价某种配色的好看与否：有些色彩搭配看似不和谐，你却觉得耳目一新；而穿一身黑戴一根红围巾的配色方式，虽经典，但由于过度泛滥而变得乏善可陈。到底什么样的点睛色才妙？现在资讯这么发达，看到喜欢的配色就记得存图下来，以后多翻翻，自然会有色彩灵感的。但是我建议，别怕选非常规色，围巾就这么小小一根，只要颜色本身真的美，总能戴出亮点的。

除了保暖和配色，围巾还有另外一个很重要的功能：**增添层次及风格化细节**。作为一名普通人，平时就算要制造层次也会在相对实用的范畴内，避免过分刻意。所以到了秋冬，一点都不用担心，给我一条围巾，简直能玩出花儿。

这个话题其实可以发展成另一本书……但是把握住三个基本点倒也不复杂：① **不同材质**；② **不同长度**；③ **不同花色**。

短夹克配细长围巾、衬衫领里面塞短围巾、皮革搭配羊绒、粗呢搭配真丝、素色配花色……总之，**不同材质混搭、长短配合制造的层次感，以及花型组合制造的层次感，都能使你的穿搭变得更有看头**。当然，可以发掘更多适合自己的"加层方式"，使自己的造型产生一种独特的韵律。

而用围巾增添风格化元素，听起来很抽象，举些例子吧：比方说很多人都喜欢带点流苏的围巾，因为你可能不会去买一件流苏麂皮夹克，但戴上流苏围

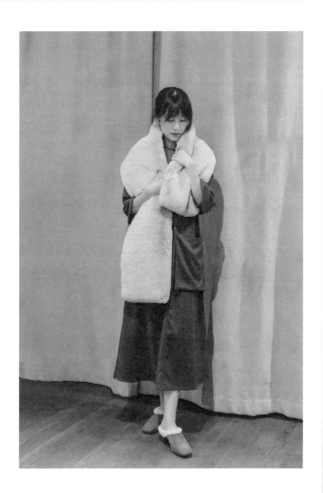

巾，就能平添几分波希米亚的调调。

　　围巾一旦不受限于纯保暖需求，那它和别的配饰
一样，可以增添独特的风格化元素和细节。比如，有了
假皮草围巾，就不用非要穿貂，而且假皮草围巾更好打
理；有了亮片围巾，即便穿得很素，把围巾随意在脖子
上一绕，也会很亮眼。

6
Six
05

如何打个
时髦的结?

　　春夏的时候，厚围巾自然是要束之高阁了，但轻薄的小围巾在颈间随意打一个结，就会为整体造型加分不少。很多人都抱怨这种小围巾戴起来有浓重的制服感，其实一条小围巾能不能戴出时髦感，要取决于四个因素，缺一不可：① 尺寸；② 材质；③ 花色或颜色；④ 系法。

　　先说说尺寸。好看、不老气又容易戴的小围巾一般符合两个尺寸：

　　小方巾的边长一般在45—60cm。精确点的话，最好符合：**方巾的对角线=脖子周长的×2（或2.5）**，这会是戴起来比较完美的尺寸。

　　细长条围巾的长度看喜好，但**不应短于脖子周长×3**，否则造型易受限。宽度最好小于10cm。虽然3—5cm的最好看，但是6—10cm对折也刚好能满足这个要求。

　　注意：购买围巾之前先测量自己脖子的周长很重要！

　　这个数字也不是我编出来的，自己试试看就知道了。一般戴小方巾时会沿着对角线折几下，再绕在脖子上打个死结。尺寸太小的方巾只能打一个结，根本系不住；尺寸太大的方巾，垂下的两个角太长，没型；而对于细长条的围巾而言，长宽比如果拉不开，就感觉像脖子受伤绑了一圈绷带似的。

小围巾佩戴后的大小和厚度也有关系，薄围巾可以选略微偏小的尺寸，较厚的围巾因为打结的时候比较"吃料子"，所以可以适当选大一点，总体而言最好控制在我说的这个尺寸范围内。当然了，并非别的尺寸一定不行，但我自己觉得佩戴难度有点高，而且系结的时候也容易遇到"多一寸"或"缺一寸"的尴尬。

那什么样的材质最好戴呢？很多人会问，手帕可不可以当小方巾戴？理论上可以，手帕的大小也差不多是边长50—60cm的正方形，但是考虑到吸水需求，手帕的织法都比较松，厚度也不太合适，我自己实践下来并不好看。

虽说一般这种小方巾或者细长围巾不是棉的就是真丝的，或者是丝绵混纺的，但织法不同，效果也大不同，下面就简单分析一下各自的优缺点。

全棉：我不是很推荐买全棉的细长围巾，因为普通全棉面料的垂感不比真丝，而细长围巾需要有垂感才有型。但是小方巾用全棉的可以，比如传统Bandana 大部分都是全棉的。值得注意的是，用太硬或者太厚的全棉小方巾打出来的结太大，不秀气，个人不是很推荐。

丝绵混纺：丝绵混纺的面料如果是网购的话，不确定因素比较多，混纺比例好的话非但有光泽感且软硬适中，不易走形，也不担心打的结会滑散。比例不好的话可能会过软，比较没型。最好可以摸到实物再行购买。

平纹真丝：平纹真丝就是指表面光滑的真丝，一般比较硬挺。优点在于光泽度好，料子挺括；缺点在于表面太滑，缺乏摩擦力，所以折叠之后不容易成型，整体会蓬起来，系好的结还有松开的可能。当然，并非所有平纹真丝都一定会有这个问题。

斜纹真丝：斜纹真丝就是表面有斜的织纹的真丝。优点在于斜纹很有质感，造型完之后也会比较有形状（和平纹真丝一样，都是比较硬挺的面料）；缺点和平纹真丝类似。

绉纱真丝：绉纱真丝因为是自然绉缩，表面有些凹凸不平（很多人称之为"磨砂感"），比上述两种真丝柔软很多，垂感好。而且面料间的摩擦力够，折叠不易膨胀走形，打结不易松。我很喜欢这个面料，觉得没什么缺点。我常戴的这条真丝小方巾就是绉纱的，不妨仔细观察面料的肌理和颗粒感。

接下来讨论下什么花纹和色系最容易搭配。注意，不是说什么花纹和色系

最好看，而是最容易搭配。如果你是一个新手，可以考虑先从这些花色和颜色入门。

1. 黑色纯色或者黑底带花纹

黑色真的是最容易搭配大部分人衣橱的颜色。你可以选择黑色纯色细围巾增加一些层次感，也可以选择经典的黑底佩斯利花纹小方巾。黑底配条纹或者波点也是一个不错的选择，可以在全身大色块中增入点和线的设计元素。总之，亚洲人拥有黑色头发和黑色眼珠，佩戴带有黑色的围巾就能轻松做到色彩统一。我自己常带的一条印花丝巾看起来很大胆，其实也是黑底的，非常好搭配。大家可以观察一下一条丝巾为整体造型带来的区别。

2. 红色系围巾

小面积的红色比大家想象中好搭配多了，尤其是衣橱里本就有红色小包，红色墨镜或者红色鞋履的话，一根系在脖子里的红色系小围巾能够呼应这些小件，使整体配色更和谐。如果没有，也可加强唇部彩妆，与围巾的红色相呼应。

3. 棕色系

大部分人总有棕色的鞋子、包或者皮带，棕色的小围巾就可以和这三样东西配上。当然棕色系和很多颜色都非常好搭配，比如苔绿、裸色、淡紫、黑色、灰色等，所以除了红和黑，棕色系的也可以来一条。当然了，未必要纯色，带一点别的颜色也可以，而且棕色系里也分偏黄、偏红、偏绿的棕色等，需根据自己肤色来选择。

4. 带有灰度的颜色

还有一些颜色非常好搭配，就是带有灰度的颜色，灰绿、灰蓝、灰粉等，都比草绿、宝蓝或者荧光粉这种高饱和色好搭配多了。也可以选拼色款，只要一眼望去整体带灰调子就行。

另外，在选花色和颜色的时候有一个很重要的诀窍：**一般我们看一块方巾时往往会把注意力集中在中心花纹。但其实经折叠后，中心是最不容易露出来的部分，而四边尤其是四角的花纹才是佩戴后决定这根围巾到底好不好看的关键。所以下次选方巾的时候，一定要多关注四边以及四角的设计，再决定要不要购买。**

最后聊聊小围巾的一些系法。一块方巾，沿对角线对折几次后在脖子里打一个死结，大概就是最朴素的系法了。这种系法要求方巾的材质不能太厚，能打出一个小巧的死结，且垂下的围巾角长度得刚刚好。如果你的方巾不巧长度尴尬，也有化解的方法，把垂下的围巾角塞进领口就行了。

　　如果你的方巾可以绕脖子两圈，那么在对折成细条之后，把结打到侧面也会很好看。也可以在对折完之后，像拧麻花一样顺着一个方向把方巾拧起来，变成细细一条，在脖子上绕两圈然后打个秀气的结。由于这种系法比较干练，可以选择用项链与之叠戴，制造一些层次和对比。

还有一种方巾的系结方法和系红领巾一样，只是结要打得松一点大一点，而垂下围巾角不要太长才够时髦。

如果方巾够长，完全可以在对折完毕之后，将一端留长，另一端绕脖子一圈在隐秘处打个结，把长的一端垂在身体一侧伪装细长丝巾。而真正细长的丝巾戴起来太容易了，我最喜欢的系结法是打一个小小的领带结，一端短，一端长，然后把长的一端塞进衣领里。

有些细长围巾是带有潇洒飘逸感的，戴的时候保持这个风格就行了。比较忌讳的围巾戴法是把脖子全部遮住，非但显脖子粗短，还容易暴露脸形缺点。**在脸和围巾之间，一定要露出一点点脖子才行。**

有些花色好看的围巾也能半代替上衣充当内搭。但千万不要真空上阵，起码穿个领子低一点的打底衫。这种系法一般要略大一点的方巾，对折后在脖子后面系个小小的结，正面就会有荡领的感觉了。**我个人觉得这种系法更适合外罩一件小外套，只露一点点领口更美。**也有一些将印花丝巾用得而非常活的例子，感兴趣的可以在 Dries Van Noten 2018年春夏秀场找到。

最近还看到一种用小围巾代替纽扣的穿法也很可爱。这种戴法需要一枚隐形安全别针，将围巾一端固定在纽扣侧，然后另一端穿过扣眼，再打个漂亮的蝴蝶结。

另外，有些细围巾如果够长的话，还可以充当皮夹克的腰带。或者如果手袋的肩带是可拆卸的话，也可以用一根丝巾代替肩带，直接系在肩带扣上。

说了那么多戴法，我觉得都挺好的，唯独戴在头上难度系数最大。亚洲人的头身比普遍不够理想，往头上加配饰需格外谨慎。

其实系结并不难，系出来效果好不好看，和整个围巾**"绕脖部分、结、垂下部分"**的比例有关，和谐就好看。这个需要多练习，就和男士练习打领带是一回事。

06

选帽秘籍
及12款
帽形分析

为什么差不多的帽子，有些人戴起来是文艺片女神，而有些人则立刻变成伴读小书童？其实不仅颜值、脑袋大小和脸形，在选帽子的时候，还需要考虑很多因素。尤其是以下六个重点。

由于讨论的时候需要把帽子的各个部分分拆，而英文和中文又往往对不上号，所以在这里做一个自定义。（*非专业术语，仅仅为了方便本文讨论）

帽顶

帽桶

帽围

帽边

1. 头身比

很多头大的人对戴帽子感到恐慌，怕本来头和身体的比例就不够好，戴了帽子头显得更大了。其实这并不是绝对的，比如说，相对于头发蓬蓬地披散着，有时候戴帽子反而能够收拢头发，使头看起来更小，瞬间优化头身比。

另外，普通亚洲人追求九头身太虚妄了，我觉得能打造七头身的效果看起来就够好的了，像吉赛尔·邦辰这种顶级超模也就是八头身。

2. 头肩比

如果戴的是没有帽边的帽子，**头肩比指的是：连帽子一起整个头部和肩膀宽度的比例**；如果戴的是有帽边的帽子，头肩比就和帽边的宽度息息相关了。一般而言，帽边明显比肩窄，或者帽边明显比肩宽，看起来都挺和谐的，怕就怕和肩膀一般宽窄，在视觉上反而显得头大肩窄，怪怪的。

3. 颅顶高度

颅顶高度指的是从正面看，发际线到头顶的高度。 亚洲人的头形从正面看一般都是头两侧偏宽，颅顶低平。戴帽子的时候可以通过压低帽檐（降发际线）来给自己"加头顶"（也就是加颅顶高度）。下图蓝线就是戴上帽子之后体现出的颅顶高度。

4. 头脸比

头脸比指的是从正面看太阳穴之间的宽度（即脸的宽度）和头发外缘之间的宽度（即头的宽度）之间的比例。可参考上图黄线。头的宽度明显大于脸的宽度就会显脸小（也就是黄线比较长的情况）。

5. 帽子和头、脸的比例

一般而言，帽子宁可选大一些也不要选小。因为帽子可以作为衡量头、脸大小的参照物，如果帽子占比过少，自然衬得头大脸大。但帽子也不是越大越好，假如身高不够，整体看的话头身比就会变差，显得头重脚轻。这其中的分寸，大家必须自己斟酌，以取得一个绝佳的平衡点。

6. 整体轮廓

对于头形和脸形圆润规整缺乏特色的人而言，可以通过增加帽子的棱角，使脸变得更加鲜明生动；但是对于偏方的头形和脸形，就不适合再用带有棱角的帽子加强这种感觉了，而是需要用别的形状来尽可能打破四方形的规整感。

从一个方面来说，追求比例要适可而止，以获得一种微妙的平衡；但从另一方面来说，很少有能够选到一顶同时满足以上所有点的帽子，所以基本原则是尽可能通过帽子优先解决你最在意的问题。

说真的，选帽子不应纸上谈兵，去一家专业帽店把所有款式全部戴一遍总能摸到点规律。但也有很多时候，我们戴着一顶帽子，左看右看，竟说不上来……又或者困惑于同样类型的帽子，这顶和那顶戴起来为什么很不同。要想明白其中的缘由，挑到真正适合自己的帽子，在试戴的过程中，我们除了要反复对着镜子推敲上述六个重点之外，其实还要考量一些额外的细节。

　　为了使大家在试戴或者购买帽子的时候更有重点，我将12种常见帽形作为研究对象，来进一步分析不同人最有可能适合或不适合哪些帽子。先从无帽边的帽子开始吧。

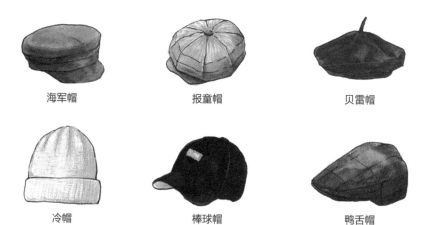

海军帽　　　　　　报童帽　　　　　　贝雷帽

冷帽　　　　　　棒球帽　　　　　　鸭舌帽

海军帽（Breton Cap）

海军帽大概是我觉得日常最好戴的帽子之一，因为它有三个非常关键的设计：① **帽桶具有一定深度**；② **带帽舌**；③ **可以压扁**。

帽桶深度带来的好处是："三庭"比例不够标准（比如额头特别长或者大）、脸长、颅顶低平，刚好就可以通过帽桶来调节。如果属于上述情况，就需要把帽子戴得深一点，压低帽檐以靠近眉毛，拉长头顶到眉毛的距离，顺便缩小脸的长度，会显得更年轻一点。

帽檐原本应该是功能性设计，但在美学上也能起到一定作用。从正面看，帽檐的视觉位置是低于帽围的，可以进一步遮挡大额头，顺便通过调节帽围和帽檐间的长度，模拟出一个合适的额头高度。

帽顶到帽围的距离为1，帽围到帽檐的距离为2。1和2相对应的是用帽子重塑之后的颅顶高度和额头高度。而"1+2"的长

度和下半部脸（即3）的比例，大家也一定好好琢磨。虽然"1+2"不可能大于
"3"，但也最好能接近等比。一顶戴出来好看的帽子一定要在这两段距离上做
一个很好的切分。另外，帽檐的宽度（即黄线部分）从一定程度上决定了额头
的宽度，尽可能不要买太宽的。

从搭配上来讲，我自己觉得海军帽没什么禁忌，做不做海军风搭配都无
所谓，有女生冬天配大衣、夏天配碎花连衣裙都挺好。我自己还配过"老棉
袄"，也搭过条纹衬衫、水手裤和背带裤，因为可以压扁，所以出门一直会放
在包里，是非常实用的帽款。

▌2 报童帽（Newsboy Cap）

我个人真的很喜欢这类扁塌塌的可以在旅游的时候轻松放在包里的帽子，所以除了上面的海军帽，第二喜欢的就是这种小男孩味道很重的报童帽（有些品牌也叫它 Bakerboy Cap 或者八角帽）。

但是报童帽还是比海军帽要难戴一些，原因是：报童帽的帽檐短，而且微微上翘，不像海军帽那么方便重塑颅顶高度和额头高度。但虽然短，却还是能起到一些作用的。加上报童帽的帽形有点蓬蓬的（一般用8片拼成一个蓬松的圆形帽身），可以优化"头脸比"。

3 贝雷帽（Beret）

贝雷帽的历史我就不科普了，相信大家已经烂熟于心了，现在就讲讲贝雷帽的种类。其实贝雷帽种类超多的，女生比较爱买的大概有三个样式：

样式1是典型的法式贝雷帽，顶上有一个"蒂"；样式2叫 Block Beret，英国人还挺喜欢戴的（可能看起来比较有皇室风范？）；样式3没有"蒂"，是整体像一顶浴帽的贝雷帽。 样式2这种贝雷帽最挑人了，不多说了，说说样式1和样式3。

其实样式1和样式3不光是帽顶上有没有蒂，关键是帽形不同。样式1比较平面，容量一般；样式3有些像浴帽，带褶子，容量大。这些细微的区别就导致了同样是贝雷帽，风格却不同。我自己比较喜欢样式1，因为始终觉得样式3

有点像换了一个材质的浴帽……但无论是样式1（下图）还是样式3（右图），都能够在一定程度通过增加头围来显脸小。而且贝雷帽非常圆，所以很多圆脸的女孩戴起来反而衬得脸没有那么圆了。

　　对于脸形完美的女生而言，一顶贝雷帽垂直戴在头顶就很好看，但是对于普通人我还是建议歪着戴，会使脸部线条更柔和。另外，额头好看就露出来，觉得额头不够美可以压低帽围（注意，贝雷帽没有帽檐），尽可能戴得"深"点。对于有刘海的女生而言，可以戴在偏后脑勺的位置，以免压住刘海（戴帽子的话建议将刘海适当修短些）。

　　我自己觉得贝雷帽的气质最好随性一些，或者和硬朗风做一个混搭，20世纪90年代"Super 6"之一的克莉丝蒂·杜灵顿（Christy Turlington）戴贝雷帽的造型是我的灵感之一，我自己也会搭配牛角扣大衣，或者皮夹克之类，以削弱甜腻感。

◢4 冷帽（Beanie）

冷帽，也就是大家俗称的绒线帽。这个帽子在我看来功能性还是很强，毕竟遇上寒冬室外，谁都必须来一顶。别看冷帽都长得跟个热水袋套似的，不同的冷帽戴出来的效果截然不同！先来看我选出来的5顶"反面教材"。

第1种是红色系冷帽。以为戴起来会洋气，但稍有不慎就会看起来像肿瘤医院偷跑出来的病号……除非只戴在后脑勺一小块露出大部分头发（那其实也别戴了，自己用巴掌捂一下保暖效果差不多的）。

第2种是纯白色冷帽。染过的头发戴这种纯白色可能会好看，但黑长直还是算了，色块对比太强烈，很难搭配衣服。

第3种是细针织无翻边款冷帽。脸大头小的人一定不能买，因为帽子本身没有蓬度，把头发收拢后就剩一张脸啦。

第4种浅帽桶冷帽对于"三庭"非常标准的人而言可以，但是如果你不够标准，根据上面说了好几遍的道理，还是得选择稍微深一点的冷帽，方便压住额头。

第5种顶部带个圆球的冷帽只要过了25岁，戴起来就略显勉强了。

总结一下：非卷边冷帽显脸大，深帽筒冷帽显脸小。另外，从色彩搭配角度来讲，我自己不喜欢纯色款冷帽，尤其是长发女生，帽子和头发两大块等量纯色块傻傻地放一起不容易搭配别的衣物。比较好的选择是：**深帽桶，戴翻边，粗针织（增加帽子体积感）的驳色款**。最后记得：**戴冷帽记得要盖到一点耳朵，不但暖和，还能增强头脸比，显脸小**。

▆▆▆5 棒球帽（Ball Cap）

棒球帽对下半部脸的脸形要求近乎苛刻！原因倒是很简单：都是箍紧头发的帽子，普通棒球帽的材质要比上述所有帽子都薄。这么薄薄一层，对头小脸大的人有多不友好，可想而知。即便头脸比尚可，脸侧的头发蓬度被完全压缩，看起来也好不到哪儿去。这也是为什么很多韩国女星戴棒球帽要在脸侧放些松散卷发的原因。如果这个对你管用，那就可以这么操作。

但上述戴法需要下半段脸轮廓够争气，否则 "帽檐、两侧垂发、平下巴" 直接把露出来的脸框成一个正方形就非常尴尬了。这也是开篇第6点讲到过的：**整体轮廓的重要性。**

对于下半段脸形不够收敛的女生，我有两点建议：① **不要买任何平顶的帽子**；② **不要买平帽檐的帽子**。想想看，连一字眉都不能驾驭，怎么可以在头上多出几条多余的平直线条呢？

但是即便脸形不错，买棒球帽的时候也要注意帽檐的弧度（就是有点像瓦片的弧度）。有些棒球帽的帽檐是平的，完全没有弧度，我建议不要买。最后就是帽檐的宽度了，之前说过很多遍了，要比你实际的额头宽度窄一点点。

6 鸭舌帽（Flat Cap）

其实 Flat Cap 也是一种总称，现在主要指代鸭舌帽。这种帽子我喜欢却绝不会买，因为它有几个对亚洲脸形和头骨非常不友好的地方：

1. 鸭舌帽整体纵深感强，窄长，所以从正面看它 "欺负" 头和脸不够窄的人；从侧面看，它"欺负"侧面不够立体的人。可惜正面宽、侧面扁平是亚洲人最典型的人种特征之一，或许少数几个不是，但大部分人难逃这种基本构架。

2. 正所谓鸭舌帽，就是它像鸭舌一样，越到前面越扁平，还微微上翘（鸭舌帽其实是有帽檐的，一般用按钮的方式和帽子连在一起了），既不能加颅顶高度，也遮不了额头，最要命的是会暴露太阳穴窄的问题。尤其太阳穴凹陷的话，戴鸭舌帽会加剧这种对比。

3. 别的帽子我不觉得对鼻梁的挺拔度有要求，但是鸭舌帽前端超出额头的部分有点类似鼻梁的感觉。鼻子高度无端被帽子给出卖了，是不是很气？虽然鸭舌帽气质独特，但世界上有那么多帽子，我们还是尽可能选择能突出优势而不是暴露缺点的吧。

当然了，有些男士在意整体造型，脸帅不帅并不是很有所谓，戴起鸭舌帽看整体也往往有不错的效果。风格和颜值间的取舍，就不帮大家做啦。

可以发现无帽边的帽子基本叫 Cap（除了 Beret），而有帽边的帽子一般称为 Hat，在此不深究了，买帽子的时候大致了解分类就行。

软呢帽　　　　巴拿马草帽　　　　钟形女帽

宽边帽　　　　船帽　　　　桶帽

⑦ 软呢帽（Fedora Hat）

软呢帽绝对是冬天我最常戴的帽子之一，和它同类型的帽子有 Trilby 和 Pork Pie，而软呢帽和它们本质的区别有三：① **软呢材质；② 宽窄合适的帽边；③ 带有"捏夹"感的帽顶**。这三个特点在我眼里都是优点，所以同类帽子我还是最喜欢软呢帽。软呢帽大家应该很熟悉了，为什么好戴也无非是因为上述已经讲过很多遍的原因，这种帽子可谓"要啥有啥"，不该有的没有。

倒是选色上面，很多人爱选黑色，我觉得软呢帽和灰色、驼色是最搭调的，有种温柔的感觉，不会显得过分拘谨严肃。

在穿搭方面，我个人喜欢用 Fedora 搭配传统的花呢夹克或半裙，倒是很少配毛料大衣，毕竟没想走女版许文强的路线，有点太戏剧化了。

▣ 8 巴拿马草帽（Panama Hat）

　　巴拿马草帽原先指的不是一种帽形，而是制成草帽的原料：巴拿马草。而这个帽子的原产地是厄瓜多尔。现在我们常见的巴拿马草帽也是有经典型的，一般可以简单理解为草帽版本的 Fedora。夏天我最常戴的就是巴拿马草帽，毕竟这个型适合我，必须从秋冬戴到春夏！巴拿马草帽和 Fedora 一样，都很友好，唯一在购买的时候需要关注一下接缝处。有些草帽在顶部做缝合，整个顶部会凸起一条缝合线，我觉得十分难看。

　　巴拿马草帽也是一个风格比较强的单品。同一身衣服搭不搭配帽子，区别很明显；同一身衣服，搭配不同的海军帽和巴拿马帽，区别依旧很明显。每当天热起来，第一时间就会戴这顶，是真爱了。

▬▬⑨ 钟形女帽（Cloche Hat）

钟形女帽是一种我自己高中时就开始
戴的帽形，小时候不知道叫什么，就是觉
得特别适合自己，长大了以后才知道这是
爵士时代 Flappy Girls 最喜欢戴的帽形，
在二十世纪二三十年代非常流行。

可以观察到这种帽形贴合脑袋的形
状，整体有点像一个钟罩，因此得名。我
个人觉得这种帽形非常友好，不但能够轻
松遮挡眉毛以上所有缺陷，圆弧的帽边恰

巧也可以修饰宽大的颧骨，如果你和 Flappy Girls 一样，拥有一头俏丽的中短
发，那会更修脸形。

我自己买过软呢质地和草编质地的钟形女帽，非常推荐软呢的，因为能够
包裹住头发和脑袋，显得一颗头非常小巧。而草编的钟形女帽有点像头盔，若
是帽形不够贴脑袋还会显得脑袋大一圈……当然我还是挺喜欢自己那顶草编的
钟形帽，可能这就叫偏爱吧。

■ 10 宽边帽（Floppy Hat）

　　Floppy Hat 直译过来应该是软帽，但一般指的是帽边既宽又柔软的宽边女帽，夏天一般是草编的，用于海边遮阳，而冬天一般以软呢为主。夏季最好选择浅色、草编、有轻盈感的，这样无论是视觉上还是实际感受，都不会有种"那么大一顶帽子压住脑袋"的压抑感；而冬天也要选择比较柔软的毛料，最好带些自然的弧度，否则会有种一把帽伞在头上撑开的僵硬感。

　　这种帽子并不难戴，因为本来就把脸遮得七七八八了，关键就是正前方帽边的弧度，尽可能和脸要看起来和谐，这也是我不会盲买的帽子类型，即便是同一品牌同一款帽子，每一顶的弧度都略有不同，衬脸效果则是大不同了。

　　我自己经常戴的一顶是毛边的，整个帽形有一种随风摇摆的感觉。

▰▰▰ 船帽（Boater）

　　船帽和巴拿马草帽在帽形上最大的区别有3点：① **船帽是平顶的**；② **帽桶浅**；③ **船帽箍住脑袋的那圈帽围形状是一个窄椭圆形**。其实找到一顶合适的船帽并不是很容易，遇上超浅帽桶，或者帽围比较小的，整顶帽子根本戴不上去。我以前买过一顶这样的，好不容易用手一拍，戴上去了，结果手一放，"咚"的一下，帽子自己从头上弹飞了……

　　不过船帽有一种属于维多利亚时代的少女感，还是挺叫人着迷的，尤其是有一阵子看电影《Picnic at Hanging Rock》，里面的少女每人都有一顶，真是美极了。后来我一直没买到电影里的那种船帽，因为实在是不适合我这种大脑

袋。不过后来有幸找到一顶可爱的船帽，织得松松的，搭配荷叶边上衣，还是能找回一些少女感。

⓬ 桶帽（Bucket Hat）

Bucket Hat 其实直译过来应该叫桶帽，但是国内一般翻译成渔夫帽。这种帽子看外观，听名字，都觉得土土的，偏偏很多我喜欢的先锋牌都很喜欢出这种帽形，比如山本耀司。

总之这是一个大大被低估的好看帽子，而且轻便，可折叠，放在包里随时遮阳。但这种帽子要戴好看得满足两个大前提：① 戴帽子的人最好五官精致（比较"憨厚"的帽子反而能衬托出灵气的五官）；② 帽子本身设计要具有较高的美学价值。

选一副让脸看起来
更美的墨镜
才是正经事

墨镜，是一个很特殊的配饰。说到底，它是一个功能性物件，如果不能优秀完成防光的任务，那对眼睛是有极大伤害的。但除了功能性要求之外，作为戴在脸上占这么大面积的一件配饰，能不能使脸变得更好看（或者说，不要过分拉低原本的颜值）也很重要。况且它遮住的是最要紧的五官之一：眼睛。

专业度是有硬指标的，如果你不愿看下面这段内容，找一个专业光学眼镜品牌买就行了。我自己购买墨镜的时候会考察以下几点：

1. 轻

开车时戴得最多的一副墨镜来自德国M牌，而在之前我一直戴一副某时装品牌墨镜。其实那副时装品牌的墨镜真的很好看，但很重，而我鼻梁只要有重物长时间压着就会影响视力，还会引发皮疹。刚戴上墨镜的时候可能不觉得，可一旦开始产生不适后，每一分钟都觉得墨镜在不断给鼻梁加压，苦不堪言。后来换成M牌就是因为它实在轻到难以拒绝。

为此我做了精确的测量，M牌墨镜比之前那副轻30%，一共6克。别小看这6克，全部压在鼻梁和耳朵上那真是天差地别的体验，况且戴过轻巧的，谁还戴得回重的墨镜呢？

2. 设计合理

一副设计优秀的眼镜，能够将自身的重量平均分布在各个接触点。说得通俗一点，当你戴上它的时候，重量不会全部压迫在一点，而是合理地分散在耳朵、鼻梁或者颧骨处，感觉更轻更均衡。

3. 镜片质量

镜架的质量决定了佩戴是否舒适，然而作为一副功能性眼镜，镜片无疑是最重要的部分。在比较普及的品牌中，我个人很喜欢蔡司（Zeiss）的镀膜，非但清晰度甩别牌几条街，防反光和眩光也是专业级的，还做了防刮花处理。当然防 UVA 和 UVB 这种基本功更是不在话下。除此之外，镜片的工艺也决定了你透过墨镜看到的物件会不会有畸变。

判断镜片是否有畸变的窍门是：拿着墨镜，伸直手臂，然后边移动边透过镜片看物体是否有扭曲的现象。

我自己接触过的镜片中，Nikon 和 Zeiss 品质都很有保障，Zeiss 在定位上比 Nikon 更高一些，但预算不足的话，Nikon 也够了。

4. 做工和质感

这个问题很好解决，去专卖店或者零售商处摸一摸实物、戴一戴就知道了，在体验过程中多关注细节处的用料和打磨。

接下去聊聊怎么为脸选一副合适的墨镜。网络上广为流传的法子，比如"方脸选圆框，圆脸选方框"，不能说不对，只是没什么用。为什么？因为人的脸除了基本型，还有五官、三庭五眼、肌肉分布……而墨镜更是五花八门，难以按照具体形状归类。遇上实际情况，还是得更加细致地去分析自己的脸和墨镜，才能找到那副能让你变美的墨镜。

第一步

首先，我觉得可以大致辨别一下自己到底是否适合戴墨镜。如果你的颜值主要体现在眉眼，而鼻子或者下半部脸有明显短板的话，戴墨镜无疑会适得其反。我建议如非必要，索性少戴。一定要戴的话，建议用一种"转移注意力"的化解方式。简而言之就是：**通过妆容或穿搭和镜框作色彩呼应，成功分散对鼻**

子和下半部脸的注意力。拿一张我自己的照片作为例子：

考虑到眼妆遮起来了，要和镜框近距离做色彩呼应的话，最简单的就是靠唇妆。当然，不是非得用红唇来呼应红框，也可以买别的适合自己的亮色，然后用方巾或者帽子等离墨镜近一些的物件做色彩呼应。关键是要**离得近**！穿一双和墨镜同色的鞋子效果就大打折扣咯。

第二步

　　根据自己的面部特征挑选合适的墨镜形状。并不是说"方形脸戴方形墨镜不好看"这句话有错，但墨镜的造型千奇百怪，而方脸之中也有区别，这么笼统的一句话，实用性不高。在选择适合自己脸形的墨镜时，除了对脸形的分类需要更细致之外，对墨镜的形状也需要关注到每一个细节。

1. 颧弓外扩和墨镜宽度

　　在欧美明星中，颧弓外扩的例子不在少数，但因为长法不一样，所以颧弓外扩并不会显得脸大，也不太会牺牲三庭五眼的比例。但亚洲人本来面部立体度欠缺，颧弓明显宽的话就容易显脸宽，戴起"窄面"墨镜会有些灾难。具体在试戴一副墨镜的时候你需要：**正对镜子，保证墨镜镜框外缘能恰好覆盖脸最宽的地方（也就是颧弓）。**

　　如果脸实在是太宽遮不住，也可以考虑男士墨镜，一般会比女士款做得要再宽一些。

2. 圆脸和墨镜形状

　　圆脸其实是我觉得最难选墨镜的脸形，尤其是肉嘟嘟的短圆脸。执意用锐角去打破下半脸的"半圆形"往往会衬得脸更加圆。我个人观察得出，很多圆脸妹子戴同时符合以下两点的墨镜会比较好看：① **方中戴圆的框**；② **墨镜底部位置高于鼻底。**

　　要显得脸不那么圆，最好不要戴特别圆的墨镜，但也不能戴反差太大的方形墨镜，否则相形之下只会衬得脸更圆。而方中戴圆的墨镜既能弱化圆脸弧线，又不会形成过大的反差。另外，圆脸本身多伴随短脸，尤其是下半部脸短。如果墨镜位置过低，非但进一步显脸短，还会有种鼻子"陷在"脸里面的即视感。因为墨镜本身就会削弱脸和鼻梁的高度差，本身鼻子不够挺的话，戴这种墨镜会更明显。

3. 方脸和墨镜的形状

　　方脸除了下颌线和下巴的形状平、方、直之外，其实也有脸短的问题，否则就是长方脸而不是方脸了。很多你印象中的方脸，其实都称不上方，需要仔细辨认。

　　生活中脸特别特别方的女生，我见过的其实并不多，假设你不幸是其中之一也别太担心，毕竟打点修容粉，用头发遮一下，再用墨镜调配一下比例，起码可以伪装长方脸。但谨记一点：**方形脸选择的墨镜，从正面看不能出现任何一条横直线！**

这条直线一出现，就立刻会和方脸迅速构成新方块，所以方脸女生戴有横直线的墨镜就会显得整个脸更方。另外，方脸最好避免特别圆的墨镜，道理就像圆脸不能戴特别方的墨镜一样：反差太大，反而衬得脸更方。

那么方脸可以戴什么样的墨镜呢？我觉得略带猫眼的墨镜是可以的。略微上扬的弧线一来可以改善脸形，显得脸方得不那么规整，二来也可以拉长脸形。

其实我觉得很多下颌骨明显的脸戴起墨镜是很好看的，因为棱角分明，有骨感。

4. 瓜子脸、鹅蛋脸与墨镜的大小

照道理说瓜子脸和鹅蛋脸是最上镜的脸形，因为这样的脸形均衡，可塑性极强，尤其配合强五官，就非常惊艳。但即便是完美脸形也有利有弊。优点是显而易见的，什么形状的墨镜戴在这样的脸上都显得和谐，缺点就是缺乏特色，一旦把眉眼遮起来，整张脸失去看点。不少国内女明星就经常走入这样的误区，总希望脸显得更小，偏爱特别大的墨镜，这么一来下半段脸有种完全被墨镜"压垮"的感觉，过犹不及。

瓜子脸和鹅蛋脸女生戴一副大小合适、偏硬朗的墨镜其实是能够产生反差美的。戴一副个性化些的墨镜，也会显得整个脸生动很多。不信的话自己去试

试看吧。

可能跟着上面两步走，你已经找到几副适合自己的墨镜了，但为什么有些戴起来还是怪怪的呢？这就牵扯到墨镜细节设计会重新切分三庭五眼的比例这一问题了。建议看到一副墨镜之时，就要考虑以下信息点：

1 墨镜上梁，对应的是眉形、眉骨或者上眼眶的形状。

2 墨镜镜框边缘，对应的是脸的宽度或颧弓。

3 镜片的位置，对应的是眼睛的位置。

4 墨镜下缘，对应的是苹果肌的位置。

5 墨镜的横梁宽度对应的是眼距和鼻梁的宽度。

将墨镜的这五个细节设计和脸匹配上之后，结合自己的三庭五眼和五官，我们再来看看有什么雷区需要避开。

1. 墨镜上梁

其实墨镜上梁的设计只要不是太作妖，并不会严重影响本来的眉形，但有些非常强调上梁的设计，看起来会有点像……"猫头鹰"？

2. 镜框边缘

之前就说过，如果颧骨外扩，镜框外缘最好能遮住脸最宽处才会显脸小。但墨镜也不是越宽越好的，这个比例必须以戴在脸上均衡为佳。

3. 镜片位置

有些墨镜镜框位置是对的，但是镜片过于集中或者外扩就会产生斗鸡眼和反斗眼的效果。

4. 墨镜下缘

亚洲人戴墨镜很少有完全靠鼻梁支撑而不碰到脸的，本来苹果肌受到墨镜的压力就会下移，更别说墨镜下缘本身就特别低，这样的墨镜戴起来有一种苹果肌垮到嘴角的既视感。不少飞行员墨镜就有这个问题，大家要格外当心。

5. 墨镜的横梁

这个其实我不知道中文叫什么，英文就叫 bridge。可以想象如果"镜片=眼睛"，那么这个横梁宽度代表的就是眼距。无论眼距本身如何，一副墨镜戴在脸上，这个横梁的宽度必须要使得三庭五眼和谐才行。但是我发现有很多品牌会把横梁设计得很宽，甚至还做双横梁的设计，一般人戴上之后，看起来仿佛智商骤掉20%。另外，如果对鼻子不是很有信心的话，尤其不适合过分夸张瞩目的横梁设计，会把大家的注意力完全集中到鼻部。

最后，1至4之间的距离，决定了中庭长度。如果本身中庭就特别长，那么墨镜上梁到下缘的距离可以略长一点，通过对比，弱化自身中庭的长度。具体这个距离怎么合适，记得和自己的上庭以及下庭做多比较，多推敲，尽可能将三庭修饰到均衡。

首饰选购
及搭配思路

过去我一直是不怎么戴首饰的，除了那根从预备班开始就陪伴我的金色护身符。青春期的时候被女友们拉着一起去打耳洞，几次三番，我永远是逃走的那一个。那会儿真心对首饰没什么兴趣，觉得保养好身体发肤即可，不需要无必要的装饰。虽说至今也没觉得这种想法有什么错，但我毕竟还是逐渐意识到了首饰的魅力，这五年来对选择和佩戴首饰的态度也经历了几重颇为复杂的改变。和两个人的对话以及一件小事，打破了我之前一直遵守的不戴首饰的"教条"。

几年前采访过一位巴黎女设计师，工作完成之后，我问了她一个好奇已久的问题：你认为巴黎女孩和上海女孩在穿衣打扮方面，最明显的区别是什么？她想了一下说："可能是首饰吧。"

"相对于首饰，上海女孩对于衣服与鞋、包的搭配会更重视。而巴黎的街上，大家或许穿得很简单，但会精心搭配各种首饰来增添细节。"这位巴黎女设计师补充说："当然，这仅仅是不同的习惯，并无优劣之分。"

也是那段时间，还采访过一位纽约男设计师。我本来就非常喜欢买他品牌的服饰，采访当天便穿了他设计的鞋，他见到了自然开心，于是整个采访进行得

格外顺利。最后合影的时候我突发奇想问了他一个问题："假如要给我今天的造型提一个建议，你怎么想？"他倒也坦然，说："我真的很喜欢你用黑色连体裤搭配我设计的银色高跟凉鞋。但如果是我的话，嗯……出门前我可能会给你加一些银制首饰吧。当然，戴首饰是一件非常个人的事情。有些人就是不喜欢戴的（笑）。"

　　不知道是不是"首饰"这个单词高频出现，我突然对这样东西敏感了起来。最触动我自己的例子就是一张赫本的老照片。

　　有一张赫本的老照片我从中学以来不知看过几百遍，每一次注意力都集中在宽大的男士衬衣和赫本的颜上。但自从采访了上述两位之后，我突然反应过来：哎哟？这七只银手镯是什么时候"变出来"的？用它们搭配宽松的男士白衬衫真是简洁又灵动，我十几年来居然都不曾在意。后来又去翻了这组照片中的其他几张，才发现这串手镯简直可以说是不容忽视。

　　尽管如此，那么多年来我还是没看见……过往对细节的熟视无睹让当时的我觉得无地自容，就像是福尔摩斯的经典台词：You see, but you do not observe.（你看，但你不观察。）

可怕的并不是不戴首饰，而是我对一样东西的不重视，可以让它直接从我的眼中消失那么久。戴或不戴，各人有各人的理由，但这不应该影响我去发现它们和欣赏它们。这便是我的第一重改变：**从视而不见到开始重视。**

当然啦，一旦眼里有了首饰，开始关注它们，发现了它们的美好，怎么可能忍住不买不戴。当时也看了不少"首饰专家们"写的东西，不知怎么的，脑中就把"买首饰"和"投资"牢牢挂钩了。而且有一部分人挺神的，对于第一件首饰买什么，第二件买什么，什么年龄购买，具体到什么品牌什么款式，居然有好似教科书般的一整套严格规定。当然，他们的理由也十分充分：保值、高档、不易过时。

我并不觉得这种想法没有道理，但喜欢与否是我现在首要考虑的点，否则总不免会陷入一系列脱离自我的考量，比如：什么级别的宝石值得收藏？哪个系列最保值？哪个款式在二手市场的换手率高？……却忽视了这件首饰**"因你选择，长伴于你"**的意义。

懂行，并不代表要受制于规矩。

　　贵金属、珠宝和奢牌首饰当然有自身优势，比如保值、设计合理、做工精致、佩戴舒适等，但我也会用玩乐的心态去购买自己喜欢的那些不那么贵重的首饰。比如最近我花了不到40美金淘到了一条多层木珠项链。主要是木珠，金属部分很少，即便不是真金白银，戴着也不会过敏。照片中我戴的这枚树脂手镯也

并非贵金属制成，是 Yves Saint Laurent Rive Gauche 时期露露·德拉法蕾斯（Loulou de La Falaise）设计的。

我还见过有假小子风格的女孩，会穿一件小领口黑色短袖T恤，在脖颈里戴一根细细的小米珍珠项链。有时则会将它从脖子上取下来，绕在手腕上和其他手链叠戴。过一阵子，索性重新换了一副扣子，将这根项链制成了眼镜链！即便大家都知道小米珍珠不值什么钱，但它一样可以被制成一件好首饰，衬得佩戴者灵气逼人。

不迎合任何人、任何标准、任何规则地挑选首饰，这是我的第二大转变。

第三项重大的转变是：我开始关注更多不同种类的首饰，并不断了解其背后的文化背景。这是非常有意思的一个探索，不得不提到关于首饰的一些历史：在史前，人类就会使用石头、贝壳、牙、骨、动物皮革等制成首饰，这个时候，首饰主要功能是作为护身符或者地位、部落的标志。随着青铜时代和铁器时代的到来，人类学会了怎么冶炼金属，首饰的种类变多，手工也大大精进，首饰开始扮演非常重要的角色。除了装饰性，不少首饰开始具有功能性，比如各种塑造发型的发饰、连接服饰的肩扣或者领扣、印有家族徽章可以封蜡的戒指等等。当然，宗教和世界各地的民族文化对首饰的分化演变也起了推进作用。

　　说这些是为了告诉大家，首饰是多种类、多材质、多文化背景的，并不是我们现在惯常买的"老三样"（耳环、项链和戒指）。虽然选择非常多，但仍需要去学习。

　　比如说臂环，从古希腊到印尼到我国在隋唐左右以臂钏的名字出现（注：臂钏和普通臂环还有区别，臂环可以是单层，但臂钏一般指多层）。这种东西方都有的首饰算不得小众，可惜现在打开各大首饰品牌也很少见到这个款式，佩戴者更是寥寥无几。我自己还挺喜欢这件首饰的，虽然太复杂或者太复古的造型有些难搭配，但简洁的臂环还挺很好搭的。

　　另外，同样是买戒指，也不需

要只考虑中间三根手指。我自己经常戴的戒指反而是一只金色的尾戒。

这种尾戒称为 Signet Ring，在古埃及的时候就有了。最早戒面会刻有徽章或者字母，封蜡的时候盖上去，就像是签名或者图章。当然了，我不可能拿自己的 signet ring 去盖章……

举这两个例子只是想告诉大家，多挖掘一些不同种类的首饰，就能轻轻松松使穿搭变得有新鲜感。

首饰当然也可以是一件艺术品，无论是因其精美的工艺还是新颖的设计，它能够表达的内涵远比很多人想象的有意思。我印象很深的一个例子是1999年 Naomi Filmer 用蜡和铜制作的"冰"系列首饰，模拟了正在融化的冰片的效果，佩戴在模特身上，记忆深刻。

尾语

写这本书的时候内心其实一直很矛盾。一方面，**我个人不认为这世界上存在绝对的标准，无论是对于颜值、身材，还是风格、时尚等。每一个个体的差异性才是组成这个有趣世界的基础，无论高矮胖瘦都能拥有属于自己的个性和风格，都应当被尊重。**每当我写到类似于"这样会显得更瘦、腿更长、头更小……"的时候，我脑中会立刻跳出另一个声音，说道："并不是所有人都在乎这些，他们并不在乎自己是否合乎所谓的标准。"

另一方面，作为作者，如果抱着"一切都好"的态度，就很难写出具有针对性的观点。这就是作者的困境：即便本人接受所有的可能性，但构思一本书的时候，也只能选个别角度，针对部分问题，满足部分需求。

写书和在公众平台上写文章还有一个最大的区别。在网络发表内容的时候，但凡容易被误解的地方，都可以立刻通过相互留言来解释清楚。而一本书发出去，看客各有各的理解，笔者也很难知晓，互动自然不如网络有效。

但是在结束这本书的时候，我突然意识到一个问题：**企图无可指摘、面面俱到、让所有人理解、同意自己，这本身就是一种自负。**所以很高兴在这整整一年的写书过程中，除了收获了这本书之外，还使我自己真正走出了"作者的困境"。

最后，**希望我的读者都能从书中获取对自己最有用的内容，而不要将自己受限于此书。**这便是我写这本书的初衷。

感谢那么多年来微博和微信读者对这本书的关注，终于没有辜负大家的等待，也希望你们会喜欢这本书！

Avo

2020年1月　于中国上海

图书在版编目（CIP）数据

不赶时髦星球 / 旻桢著. — 石家庄：河北科学技术出版社，2020.8

ISBN 978-7-5717-0353-0

Ⅰ. ①不… Ⅱ. ①旻… Ⅲ. ①女性－服饰美学 Ⅳ.
①TS973.4

中国版本图书馆CIP数据核字(2020)第073233号

不赶时髦星球
BU GAN SHIMAO XINGQIU

旻桢　著

出版发行　河北出版传媒集团　河北科学技术出版社

地　　址　石家庄市友谊北大街 330 号（邮编：050061）

印　　刷　北京美图印务有限公司

经　　销　新华书店

开　　本　889mm×1194mm　　1/28

印　　张　10

字　　数　200 千字

版　　次　2020 年 8 月第 1 版
　　　　　　2020 年 8 月第 1 次印刷

定　　价　68.00 元